W0257342

# Prozeßsimulation in der Umformtechnik

Herausgegeben im Auftrag der Projektgruppe Prozeßsimulation in der Umformtechnik von Univ.-Prof. em. Dr.-Ing. Dr. h.c. K. Lange, Stuttgart

## Band 5

Bericht aus dem Lehrstuhl für Fertigungstechnologie, Institut für Fertigungstechnik, Friedrich-Alexander-Universität Erlangen-Nürnberg, Univ.-Prof. Dr.-Ing. Dr.h.c. Manfred Geiger LFT

# Projektgruppe Prozeßsimulaton in der Umformtechnik

Univ.-Prof. Dr.-Ing. D. Besdo
Institut für Mechanik
Universität Hannover

Univ.-Prof. Dr.-Ing. E. Doege
Institut für Umformtechnik und Umformmaschinen
Universität Hannover

Univ.-Prof. Dr.-Ing. E. v. Finckenstein
Lehrstuhl für Umformende Fertigungsverfahren
Universität Dortmund

Univ.-Prof. Dr.-Ing. Dr.h.c. M. Geiger
Lehrstuhl für Fertigungstechnologie
Friedrich-Alexander-Universität Erlangen-Nürnberg

Univ.-Prof. Dr.-Ing. B. Kröplin
Institut für Statik und Dynamik der Luft- und
Raumfahrtkonstruktionen, Universität Stuttgart

Univ.-Prof. Dr.-Ing. Dr.-Ing. E. h. O. Mahrenholtz
Arbeitsbereich Meerestechnik II - Strukturmechanik
Technische Universität Hamburg-Harburg

Univ.-Prof. Dr.-Ing. J. Reissner
Institut für Umformtechnik
Eidgen. Technische Hochschule Zürich

Univ.-Prof. Dr.-Ing. A. Reuter
Institut für Parallele und Verteilte Höchstleistungsrechner
Universität Stuttgart

Univ.-Prof. Dr.-Ing. K. Siegert
Institut für Umformtechnik
Universität Stuttgart

Sprecher: Univ.-Prof. em. Dr.-Ing. Dr. h.c. K. Lange
Universität Stuttgart

Koordinator: Dr.-Ing. M. Herrmann
Universität Stuttgart

# Matthias Hänsel

# Simulation des Bruchverhaltens von Umformwerkzeugen

Mit 64 Abbildungen und 2 Tabellen

Springer-Verlag
Berlin Heidelberg GmbH  1993

Dipl.-Ing. M. Hänsel

Lehrstuhl für Fertigungstechnologie
Institut für Fertigungstechnik
Friedrich-Alexander-Universität Erlangen-Nürnberg


Univ.-Prof. Dr.-Ing. Dr. h. c. M. Geiger

Lehrstuhl für Fertigungstechnologie
Institut für Fertigungstechnik
Friedrich-Alexander-Universität Erlangen-Nürnberg


ISBN 978-3-540-57250-3     ISBN 978-3-662-09907-0 (eBook)
DOI 10.1007/978-3-662-09907-0




Gesamtherstellung: Copydruck GmbH, Heimsheim
62/3020−543210

# Geleitwort des Herausgebers

Die Verfahrensentwicklung ist in der Umformtechnik unmittelbar verknüpft mit der Frage nach der Durchführbarkeit eines Umformvorganges und nach einer optimalen Prozeßführung. Beide Problemstellungen erfordern ein tiefes Verständnis des Einflusses verschiedenartigster Prozeßparameter, wie Eigenschaften des umzuformenden Werkstoffes (mechanische und metallkundliche), Reibungsbedingungen in der Wirkfuge, Werkzeuge (Geometrie, Werkstoff), Umformtemperatur, Umformgeschwindigkeit, Umformmaschine und deren gegenseitige Beeinflussung.

Die seit den siebziger Jahren eingeführten und zunehmend leistungsfähigeren Methoden der numerischen Simulation von Umformvorgängen leisten schon jetzt wertvolle Beiträge bei der Bewältigung der genannten Aufgaben. Die in der Simulationsphase gewonnenen Werkstückgeometriedaten werden mit Hilfe von CAD/CAM-Systemen direkt für die Erstellung von Arbeitsplanungs- und Fertigungsunterlagen benutzt. Damit kann mit einem durchgehenden Informationsfluß von der Werkstückentwicklung über die Konstruktion der benötigten Werkzeuge bis zur Weitergabe der Geometriedaten für die NC-Fertigung der Werkzeuge gearbeitet werden. Voraussetzung hierfür sind allerdings genaue numerische Verfahren, gesicherte Stoff- und Maschinendaten sowie Versagenskriterien und Prozeßrandbedingungen.

In Erkenntnis dieser anspruchsvollen wissenschaftlichen Aufgabenstellung haben sich die eingangs aufgeführten acht Institute universitäts- und fachübergreifend zur Bearbeitung des Gemeinschaftsprojektes

### Prozeßsimulation in der Umformtechnik

im Jahre 1988 zusammengeschlossen. Das Projekt wird von der Volkswagen-Stiftung gefördert. Erarbeitet werden soll ein nach modernen Gesichtspunkten strukturiertes universelles, leistungsfähiges Programmsystem für die Simulation von Umformprozessen als eine wesentliche und notwendige Grundlage für die Verbesserung der ingenieurwissenschaftlichen Forschung und Entwicklung zur Errichtung rechnerintegrierter Produktionssysteme in der Umformtechnik (CIM). Die Vielfältigkeit der industriellen Umformverfahren bringt es notwendigerweise mit sich, daß im Gemeinschaftsprojekt wegen der zeitlichen und personellen Begrenzung nicht die ganze Breite der Umformprozesse berücksichtigt werden kann. Es werden damit im Hinblick auf die Anwendungsorientierung Lücken offen bleiben, die jedoch wegen der modularen Programmstruktur später jederzeit über vorgegebene Schnittstellen geschlossen werden können.

Ferner ist mit Sicherheit zu erwarten, daß während der Bearbeitung Defizite an erforderlichen Daten, Randbedingungen etc. sichtbar werden, aus denen sich Anforderungskataloge für zusätzliche experimentelle und theoretische Untersuchungen ergeben werden. Insofern wird das Gemeinschaftsprojekt über die Erstellung des Programmsystems zur „Prozeßsimulation in der Umformtechnik" hinaus weitere wichtige Impulse für Forschungen zu den ingenieurwissenschaftlichen Grundlagen der Umformtechnik geben.

Mit etwa 35 Teilprojektleitern, Mitarbeiterinnen und Mitarbeitern verfügt die Projektgemeinschaft über ein bedeutendes Potential an Fachkräften und Wissen. Das zu erstellende Programmsystem soll nach Projektabschluß zunächst allen öffentlichen und gemeinnützigen Forschungsinstitutionen in Deutschland, in der Schweiz etc. als Forschungsversion zur Verfügung stehen.

Im Rahmen dieser Berichtsreihe werden die wissenschaftlichen Ergebnisse der Arbeiten in den Teilprojekten in bewährter Zusammenarbeit mit dem Springer-Verlag der Fachöffentlichkeit vorgestellt.

Stuttgart, im Januar 1991                                             Kurt Lange

# Vorwort

Der vorliegende Forschungsbericht entstand während meiner Tätigkeit als wissenschaftlicher Mitarbeiter am Lehrstuhl für Fertigungstechnologie der Friedrich-Alexander-Universität Erlangen-Nürnberg.

Die im vorliegenden Bericht behandelte Thematik erwuchs aus den Problemstellungen während der Entwicklung eines Programmalgorithmus zur Simulation des Ermüdungsbruchverhaltens von Umformwerkzeugen als einem der Grundbausteine des am Lehrstuhl erstellten PSU-Programmoduls WERKZEUGVERSAGEN. Der Bericht beschränkt sich dabei nur auf den Teilaspekt der numerischen Simulation des Rißausbreitungsverhaltens und enthält die Darstellung und Überprüfung der dafür entwickelten theoretischen Grundlagen; die ergänzend erarbeiteten Grundlagen zur Simulation der Rißinitiierung und Oberflächenermüdung hingegen wurden in einem weiteren Forschungsbericht zusammengefaßt, der in der gleichen Berichtsreihe erscheint.

Für die Möglichkeit der Bearbeitung dieses Forschungsprojektes und das mir während dieser Zeit entgegengebrachte Vertrauen, die Arbeit mit einem hohen Maß von Eigenverantwortlichkeit durchführen zu können, sowie seine vielen wissenschaftlichen Anregungen möchte ich an dieser Stelle Herrn Univ. Prof. Dr.-Ing. Dr.h.c. M.Geiger meinen besonderen Dank aussprechen.

Bedanken möchte ich mich auch bei Herrn Dr. U.Engel, in dessen Arbeitsgruppe diese Arbeit durchgeführt wurde, für seine ständige Bereitschaft zur wissenschaftlichen Diskussion.

Mein Dank gilt ferner meinem Kollegen, Herrn Dr. T.Sobis, als meinem 'Mitstreiter' im Rahmen des PSU-Teilprojektes, für die sehr enge fachliche Zusammenarbeit und den daraus erwachsenen, guten persönlichen Kontakt. Gleiches gilt für die übrigen Kollegen der Umformtechnikgruppe, wie auch für alle anderen Mitarbeiter des Lehrstuhls, die mich bei der Durchführung dieses Vorhabens unterstützt haben.

Die Mittel zur Durchführung der Untersuchungen wurden von der Stiftung Volkswagenwerk, Hannover, im Rahmen des Verbundprojektes "Prozeßsimulation in der Umformtechnik - PSU" bereitgestellt, wofür an dieser Stelle ebenfalls gedankt sei.

Erlangen im Juni 1993                                                          Matthias Hänsel

# Inhaltsverzeichnis

# Abkürzungen und Formelzeichen

## Formelzeichen

| | | |
|---|---|---|
| $a$ | mm | Rißtiefe |
| $a_i$ | mm | Initiierungsrißtiefe |
| $a_{kr}$ | mm | kritische Rißtiefe |
| $\delta a$ | $\mu$m | Anrißzone |
| $r$ | mm | Abstand zur Rißspitze |
| $\varphi$ | ° | Umfangswinkel des Rißspitzenfeldes |
| $F_x, F_y$ | N | Knotenkraft (x,y-Richtung) |
| $u, v$ | mm | Verschiebungskomponenten |
| $\sigma_m$ | N/mm² | statische Mittelspannung |
| $\sigma_0, \tau_0$ | N/mm² | äußere Spannungs- bzw. Schubbelastung |
| $\sigma_v$ | N/mm² | Vergleichsspannung nach v.Mises |
| $\sigma_N$ | N/mm² | äußere Normalspannung senkrecht zur Oberfläche |
| $\tau_R$ | N/mm² | Reibschubspannung |
| $\mu$ | ---- | Reibzahl |
| $E$ | N/mm² | E-Modul |
| $\eta$ | ---- | Querkontraktionszahl (Poisson) |
| $R_{P0,2}$ | N/mm² | Fließgrenze |
| $K$ | N/mm³ᐟ² | Spannungsintensitätsfaktor |
| $J$ | N/mm | J-Integral |
| $K_I$ | N/mm³ᐟ² | Spannungsintensitätsfaktor für Mode-I-Belastung (Zug) |
| $K_{II}$ | N/mm³ᐟ² | Spannungsintensitätsfaktor für Mode-II-Belastung (Schub) |
| $K_{Ic}$ | N/mm³ᐟ² | krit. Spannungsintensitätsfaktor Zug (Bruchzähigkeit) |
| $K_{IIc}$ | N/mm³ᐟ² | krit. Spannungsintensitätsfaktor Schub (Bruchzähigkeit) |
| $K_v$ | N/mm³ᐟ² | Vergleichsspannungsintensitätsfaktor (n.Richard) |
| $Y$ | ---- | Korrekturterm für Bauteilgeometrie |
| $\alpha_1$ | ---- | Rißzähigkeitsbeiwert |
| $\varphi_0$ | ° | Rißablenkungswinkel |
| $\beta$ | ° | Rißausbreitungsrichtung |
| $da$ | mm | Rißfortschritt |
| $da/dN$ | ---- | Rißausbreitungsrate, Wachstumsgeschwindigkeit |
| $C$ | ---- | Rißwachstumskoeffizient |
| $m$ | ---- | Rißwachstumsexponent |
| $\Delta K$ | N/mm³ᐟ² | zyklische Komponente des Spannungsintensitätsfaktors |
| $\Delta K_{th}$ | N/mm³ᐟ² | Rißwachstumsschwellwert |
| $R$ | ---- | Rißwiderstand, Belastungsverhältnis |
| $N_{ink}$ | ---- | inkrementelle Lastzyklenzahl |
| $N_f$ | ---- | Grenzlastspielzahl bis zur Ermüdung |
| $N_i$ | ---- | Anrißlastspielzahl |
| $N_{br}$ | ---- | Bruchlastspielzahl |
| $x, y$ | ---- | globale karthesische Koordinaten |
| $r, \varphi, z$ | ---- | globale Zylinderkoordinaten |
| $\xi, \eta$ | ---- | lokale isoparametrische Elementkoordinaten |
| $p_i$ | N/mm² | Innendruck |

<u>Indizes</u>

| | |
|---|---|
| min | minimal |
| max | maximal |
| eff | effektiv |
| ges | gesamt |

I,II,III      Beanspruchungsmode der Rißspitze

<u>Abkürzungen</u>

| | |
|---|---|
| FE | Finite Elemente |
| FEM | Finite Elemente Methode |
| BEM | Boundary Elemente Methode |
| CAD | Computer Aided Design |
| CAO | Computer Aided Optimization |
| CAM | Computer Aided Machining |
| NC | Numeric Controlled |
| PSU | Prozeß-Simulation Umformtechnik |
| VDI | Verein Deutscher Ingenieure |
| ICFG | International Cold Forging Group |
| LEBM | Linear Elastische Bruchmechanik |
| ESZ | Ebener Spannungs Zustand |
| EFZ | Ebener Formänderungs Zustand |
| DRH | Druckraumhöhe |

# 1. Einleitung

Der internationale Markt stellt heute sehr hohe Anforderungen an die Umformtechnik. Die wirtschaftliche Herstellung einbaufertiger Präzisionsumformteile in möglichst einem Arbeitsgang ohne weitere Nachbearbeitung (Near-Net-Shape Forming) stellt hierbei die größte Herausforderung an die Kalt- und Halbwarmfließpreßverfahren sowie das Schmieden dar /1/. Hinzu kommt der ständige wirtschaftliche Wettbewerb mit konkurrierenden Fertigungsverfahren, wie der spanenden Bearbeitung oder dem Gießen, aber auch alternativen Gestaltungsmöglichkeiten aus Blech- oder Kunststoffwerkstoffen /2/.

Diese Rahmenbedingungen bedeuten für die Hersteller von Umformteilen zum Teil sehr enge und schnell steigende Kosten-, Termin-, und Qualitätsanforderungen, denen sie sich stellen und mit geeigneten Maßnahmen begegnen müssen. Wettbewerbsfähig sein und auf dem Markt bestehen können daher auf Dauer nur Hersteller, die im Produktionsbereich Vorteile haben. Hier bestimmen vor allem technologische und wirtschaftliche Faktoren, was fertigungstechnisch machbar und preisgünstig herstellbar ist. Die drastische Verringerung der Entwicklungszeiten sowie der Durchlaufzeiten in der Fertigung sowie die Senkung der Herstellkosten sind hierbei ein unbedingtes Muß für ein modernes Produktionsunternehmen.

Eine Richtung die daher nachdrücklich verfolgt wird, ist der durchgängige Einsatz von CAE-Techniken für Werkzeugkonstruktion und -fertigung. Konsequente Rechnerunterstützung in dieser Phase trägt wesentlich zur Beschleunigung von Entwicklung und Fertigung der Werkzeuge und damit auch zur Kostensenkung bei /3-11/.

Die Wirtschaftlichkeit eines Umformverfahrens wird darüberhinaus aber entscheidend durch das Verhalten der am Umformprozeß beteiligten Werkzeugaktivelemente mitbestimmt. Die Werkzeugkosten sind hierbei ein ganz wesentliches Element der Herstellkosten. Je nach Schwierigkeit des Formteils werden insbesondere bei Kaltfließpreßteilen zwischen 5-15 % der Herstellkosten durch Werkzeugkosten verursacht. In Einzelfällen, insbesondere mit Hinblick auf die angesprochenen Sonderumformverfahren und die Herstellung komplexer Formteile, kann dieser Anteil jedoch noch erheblich höher liegen. Die Werkzeugkosten werden dabei im wesentlichen durch zwei Faktoren bestimmt: die eigentlichen Fertigungskosten und die Standmenge der Werkzeuge /4/.

Ein weiterer Schwerpunkt der derzeitigen Entwicklungen in der Umformtechnik liegt aus diesem Grunde insbesondere auf der Verbesserung der Werkzeugtechnologie durch Maßnahmen zur Reduzierung der Ausfallursachen der Werkzeuge /12,13/. Hierbei wurden in den letzten Jahren auf folgenden Gebieten wichtige Ergebnisse erzielt:

- Weiterentwicklung bei der Werkzeugbeschichtung /14-17/ und Oberflächenbehandlung /5,18/,
- bruchmechanische Untersuchungen des Werkzeugversagens /19-22/,
- Verbesserung der Werkzeugauslegung durch optimierte Werkzeugmaterialien /23,24/ oder neuartige Bandarmierungen /25/,
- on-line Werkzeugüberwachung im Arbeitsprozeß /26-29/.

Die ungenügende Fertigungssicherheit der Werkzeuge aber, verursacht durch zu große und vor allem nicht kalkulierbare Lebensdauerschwankungen, stellt mit Blick auf die Prozeßbeherrschbarkeit nach wie vor ein zentrales Problem der Massivumformtechnik dar /3,4,20,21/. Die großen Standmengenstreuungen erschweren zum einen die Disposition der für eine reibungslose Serienfertigung nötigen Werkzeuge; zum anderen ist der vorzeitige und unkalkulierbare Ausfall der Werkzeuge zusätzlich aber auch mit unwirtschaftlichen Stillstandzeiten der Produktionsanlagen verbunden /4/. Sie sind bei der Warmumformung mit über 30% der Belegungszeit einer Kurbelpresse bereits sehr hoch /5/. Die dadurch verursachten Folgekosten müssen bei einer konsequenten Wirtschaftlichkeitsanalyse als sekundäre Werkzeugkosten mitberücksichtigt werden. Die effektiven Werkzeugkosten liegen damit deutlich höher, als oftmals angenommen. Den Werkzeugkostenanteil zu senken sowie die Fertigungssicherheit zu erhöhen war und ist daher Gegenstand zahlreicher Aktivitäten. Der Schlüssel zur Lösung dieser Problematik kann aber nur in einer prozeßoptimierten Auslegung und der Möglichkeit einer gezielten Lebensdauerabschätzung der Werkzeuge bereits im Vorfeld der Fertigung, d.h. in der Konstruktionsphase, liegen.

Auf dem Weg zu einer beanspruchungsgerechten Werkzeugauslegung bzw. standmengenerhöhenden Werkzeugoptimierung wird in Zukunft nur eine systematische Untersuchung der vorliegenden Versagensmechanismen und der Betriebsbeanspruchung weiterhelfen können. Eine gezielte Versagens- und Beanspruchungsdiagnose scheitert bisher allerdings vielfach aufgrund der schlechten Prozeßzugänglichkeit sowie der äußerst komplexen und für den Ingenieur kaum noch überschaubaren Wirkzusammenhänge des "Umformsystems" /30/, **Bild 1.1.** Fehlende Kenntnisse oder falsche Annahmen über das genaue Zusammenwirken der Prozeßparameter, Versagensursachen und Werkzeugbeanspruchung haben dann oft eine unzureichende, zumeist nur auf empirischen Erfahrungswerten aufbauende Werkzeugauslegung in Form von Konstruktionsrichtlinien zur Folge /31,32/. Das bestehende Informationsdefizit muß im Einzelfall häufig durch zeit- und kostenintensiven, experimentellen Aufwand in Vorversuchsserien erkauft werden. Ein geeignetes Instrument zur Unterstützung des Betriebsmittelkonstrukteurs bei der beanspruchungsgerechten Werkzeugauslegung bzw. der Werkzeugoptimierung bereits in der Konstruktionsphase erscheint daher dringend erforderlich.

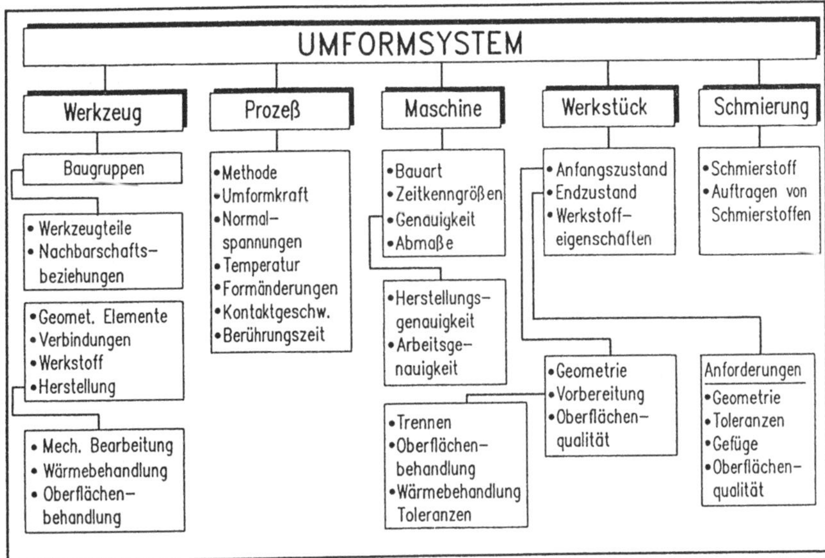



**Bild 1.1:** Parameter des Umformsystems /30/.

In diesem Zusammenhang gewinnt auch für die Umformtechnik die Simulation des Werkzeugverhaltens unter Betriebsbedingungen zunehmend an Interesse /7,33/. Die Werkzeuganalyse ist Bestandteil der FE-Prozeßsimulation mit der der Umformvorgang, d.h. der Stofffluß und die daraus resultierende Werkzeugbeanspruchung, am Rechner modelliert werden kann. Sie wird es dem Ingenieur ermöglichen, durch einen "Einblick" ins Innere des Umformprozesses, eine wesentlich bessere Beurteilung des vorliegenden Umformproblems vorzunehmen. Die Prozeßsimulation als Baustein der rechnerintegrierten Produktentwicklung wird zukünftig als Diagnosesystem einen hohen Stellenwerte für den Ingenieur einnehmen.

Eine auf der Prozeßmodellierung aufsetzende Simulation des Werkzeugversagens erlaubt weiterführend die Interpretation der Werkzeugbeanspruchung und ermöglicht durch Anwendung geeigneter Versagenskriterien z.B. eine Abschätzung der Ausfallsicherheit der vorliegenden Werkzeugkonstruktion. Durch iterative Anwendung eines Design-Cycles läßt sich auf diese Weise der optimale Werkstofffluß, die günstigste Werkzeugbeanspruchung und schlußendlich die kostengünstigste Fertigung bereits im Vorfeld praktischer Versuche ermitteln, **Bild 1.2.** Kostspielige, experimentelle Vorversuche lassen sich so auf ein notwendiges Minimum beschränken und teure Fehlentwicklungen dadurch bereits in der Entwurfs- und Konstruktionsphase vermeiden: mit Blick auf die spätere Produktqualität und Prozeßsicherheit wird die Umformaufgabe besser beherrschbar.

Moderne wissensbasierte Programmsysteme zur rechnerintegrierten Produkt- und Werkzeugentwicklung /34,35/ werden daher so ausgebaut werden, daß sie auf die Ergebnisse der Prozeßsimulation, unterstützt durch die Diagnose eines Expertensystems, zurückgreifen können /36,37/. Die FE-Simulation des Werkzeugversagens kann hierbei neue Erkenntnisse über die Werkzeugbelastung und die Versagensursachen für Bruch und Verschleiß zur Verfügung stellen, die bereits in der Konstruktionsphase eine Schwachstellenerkennung und rechnerunterstützte Optimierung der Werkzeugauslegung (Computer Aided Optimization CAO) anhand des CAD-FEM Modells erlauben werden, **Bild 1.2** /22,38/.

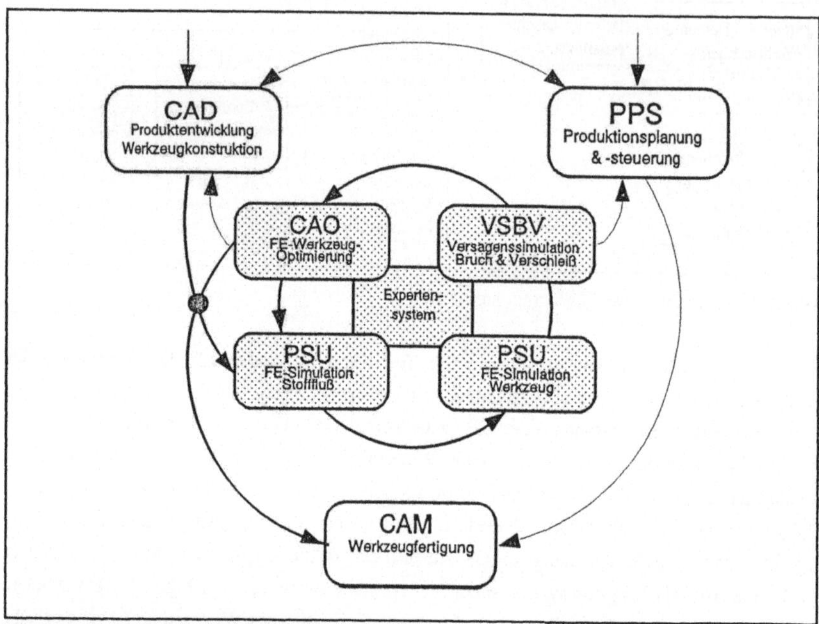



**Bild 1.2:** Rechnerunterstützte Versagenssimulation und Werkzeugoptimierung im Rahmen eines rechnerintegrierten Design-Cycles zwischen CAD und CAM.

Die vorliegende Arbeit soll in diesem Zusammenhang dem Praktiker die weiteren Entwicklungsmöglichkeiten aber auch die derzeitigen Grenzen der Versagenssimulation von Umformwerkzeugen für die beanspruchungsgerechte Werkzeugauslegung sowie die Lebensdauerabschätzung aufzeigen. Der Beitrag wird sich hierbei am Beispiel von Kaltfließpreßmatrizen vornehmlich auf die Vorgehensweise bei der Simulation des Werkzeugbruchs konzentrieren und einen Programmbaustein als Post-Prozessor für die FE-Werkzeuganalyse vorstellen.

# 2. Stand der Kenntnisse

## 2.1 Allgemeines

Fließpreßwerkzeuge und Schmiedegesenke gehören zu den höchst beanspruchten Konstruktionsbauteilen der Technik. Metallischer Gleitkontakt sowie Flächenpressungen von über 2500 N/mm² in der Umformzone, Temperaturen von über 600 °C und Preßkräfte von mehreren hundert MN sind keine Seltenheit und stellen höchste Anforderungen an die konstruktive Auslegung der Werkzeugelemente, die verwendeten Werkzeugwerkstoffe und die Prozeßführung. In besonderem Maß davon betroffen ist die Werkzeugoberfläche im Bereich der Wirkfuge zwischen dem Werkstück und dem formgebenden Werkzeugelement. Sie wird während des Arbeitsprozesses mit jedem Preßzyklus einer starken mechanischen und vornehmlich im Fall der Warmumformung auch thermischen Wechselbeanspruchung ausgesetzt /39/. Die betriebliche Praxis zeigt, daß das Werkzeug diesen Oberflächenbeanspruchungen nicht unbegrenzt standhalten kann und an der Oberfläche auf Dauer durch Verschleiß oder lokale Materialermüdung versagt.

## 2.2 Versagen von Umformwerkzeugen

Die Standmenge von Umformwerkzeugen wird im wesentlichen durch den Bruch und den Verschleiß der Werkzeugaktivelemente bestimmt. Hierzu zählen in erster Linie Stempel, Dorne, Ziehringe, Preßbüchsen oder Gesenke. Standmengen in der Größenordnung von $10^3$-$10^5$ sind nach *Lange u.a.* /3/ die Regel, wobei Lebensdauerschwankungen in der Größenordnung von 10:1 bis 100:1 keine Seltenheit sind /4/.

Der Verschleiß als Versagensursache dominiert bei Anwendungsfällen mit geringen Werkzeugbelastungen oder wenn enge Maßtoleranzen und hohe Oberflächenqualitäten gefordert sind. Hierbei herrschen Abrasion und Adhäsion als Verschleißmechanismen zwischen den beiden Kontaktpartnern in der Umformzone vor /40/. Sie führen durch kontinuierlichen Abrieb der Werkzeugoberfläche zum Verlust der Maßhaltigkeit und der Oberflächenqualität und somit zum Ausfall des Werkzeugs bei Erreichen qualitätsbestimmender Toleranzgrenzen (Verschleißmarken).

Bei höheren Belastungen und komplexeren Geometrien des Werkzeugs überwiegt der Ermüdungsbruch /3,4/. Der gefürchtete Überlastbruch innerhalb der ersten Preßzyklen bei extremen Belastungen kann unter Befolgung der vom VDI oder von der ICFG erarbeiteten von Konstruktionsrichtlinien in den meisten Fällen vermieden werden /41-45/. Umformwerkzeuge sollten demnach generell so ausgelegt sein, daß der Ausfall des Werkzeugs primär durch den Verschleiß bestimmt wird. Die Produktqualität kann dadurch mit modernen Arbeitsablaufüberwachungsmethoden gut kontrolliert und das Werkzeug vor dem Versagensfall rechtzeitig ausgetauscht werden /26/. Katastrophale Werkzeug- und Maschinenausfälle wie im Falle des Werkzeugbruchs lassen sich so vermeiden. Ein zusammenfassender Überblick über die Auslegung von Fließpreßwerkzeugen ist von *Geiger u. Wißmeier* in /46/ gegeben.

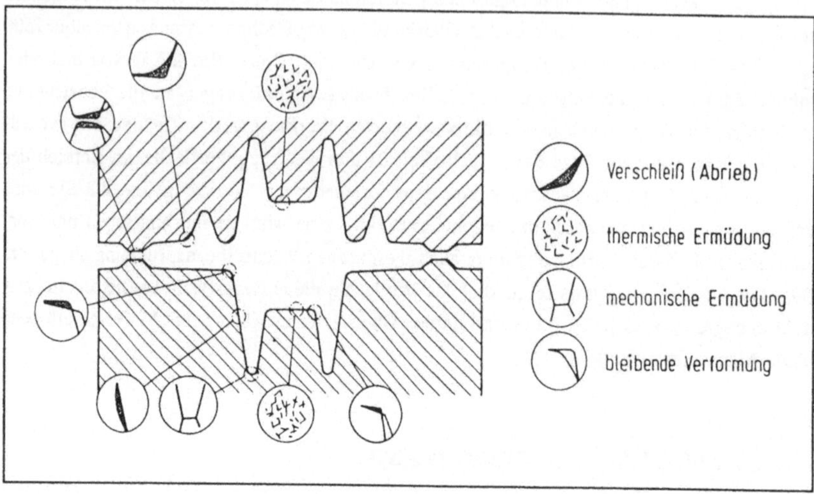


**Bild 2.1:**     Versagenserscheinungen an Schmiedegesenken (n. Kannappan).

In der Warmumformung herrscht aufgrund der geringeren Umformkräfte und Werkzeugbelastungen sowie der zusätzlichen thermischen Oberflächenbeanspruchung im allgemeinen der Verschleiß als Versagensursache vor /4/. Eine entsprechende Untersuchung wurde von *Heinemeyer* /47/ durchgeführt. Oft ist jedoch auch eine Schädigung durch eine bleibende plastische Formänderung der Werkzeugkontur zu beachten. Zu lange Druckberührzeiten begünstigen ferner das thermisch bedingte Kriechwachstum von Ermüdungsrissen und können sich äußerst negativ auf die Gesamtlebensdauer auswirken /39/. In **Bild 2.1** sind hierzu die charakteristischen Versagensarten eines Schmiedegesenks schematisch zusammengestellt.

Für ein typisches Schmiedegesenk ergibt sich nach /13,47/ die folgende Verteilung der Versagensursachen und -häufigkeiten: demnach entfallen auf den Verschleiß 68%, auf die mechanisch initiierte Ermüdungsrißbildung 26%, auf bleibende plastische Verformungen 4% und 2% auf die thermisch bedingte Oberflächenermüdung als versagensbestimmende Schadensart.

Im Fall des Bruchversagens an Warmumformwerkzeugen kann nach *Schröder* darüberhinaus beobachtet werden, daß das Ermüdungsrißwachstum erst nach einem beträchtlichen Anteil der Gesamtlebensdauer von teilweise >30% einsetzt /39/. Die Phase bis zur Bildung eines wachstumsfähigen Ermüdungsanrisses durch zyklische, elastisch-plastische Werkstoffermüdung der Oberflächenrandzone bestimmt somit maßgeblich die Werkzeuglebensdauer.

In der Kaltmassivumformung spielen die Schädigungseinflüsse durch thermische Ermüdung sowie Werkzeugplastifizierung aufgrund der geringeren thermischen Belastung bzw. der hartspröden Werkzeugwerkstoffe eine untergeordnete Rolle. Gemäß einer Umfrage bei Fließpreßbetrieben entfallen nach *Reiss* bei einfachen Kaltfließpreßteilen 80% der Versagensfälle auf den Verschleiß und lediglich 20% auf den Ausfall durch Bruch /19/. Beim Bruch werden ferner fast ausnahmslos nur Ermüdungsbrüche beobachtet. 40% davon sind auf eine unzureichende Wärmebehandlung zurückzuführen. In vielen Anwendungsfällen, wenn sich konservative Konstruktionsrichtlinien werkstückbedingt nicht mehr einhalten lassen, nimmt die Häufigkeit des Bruchversagens zu; bei komplizierten Umformaufgaben und komplexen Formteilen kann sie bis auf 100% ansteigen.

## 2.3 Werkzeugbelastung und Beanspruchungsarten

Bei der Betrachtung der versagensauslösenden Werkzeugbeanspruchung muß zwischen zwei grundsätzlich verschieden Beanspruchungsarten differenziert werden, die sich auch in unterschiedlichen Versagenserscheinungen am Werkzeug äußern.

Zum einen sind dies die lokalen Beanspruchungen der Werkzeugoberfläche, die unmittelbar aus den örtlichen Oberflächenbelastungen in der Umformzone resultieren und lokal auf die Oberfläche beschränkt bleiben. Zu den lokalen Beanspruchungen der Werkzeugoberfläche gehören primär die örtlich wirkenden Normaldrücke, Reibschubspannungen und Oberflächentemperaturen sowie der geschwindigkeitsabhängige Gleitkontakt. Sie führen in komplexer Wechselwirkung mit der Werkstückoberfläche zum Verschleiß der Funktionsfläche des Werkzeugs oder unterstützen infolge mechanisch bzw. thermisch induzierter Wechselbelastung die lokale Werkstoffermüdung der Oberflächenrandzone. Experimentelle Arbeiten wurden hierzu unter anderem von *Weiergräber* /48/ und *Heinemeyer* /47/ vorgelegt. Zusätzliche Unterstützung finden diese Schädigungsvorgänge im oxidativen Angriffe der Oberfläche infolge hoher Prozeßtemperaturen oder chemischer Reaktionen mit aggressiven Schmiermitteln sowie in der Kavitationswirkung von Schmiermittelexplosionen /40/. Auf den Werkzeugverschleiß, der bis zur Zeit Thema einer Vielzahl weiterer experimenteller Untersuchungen ist, soll im Rahmen dieser Arbeit jedoch nicht näher eingegangen werden.

Zu der zweiten Beanspruchungsgruppe gehören die inneren Werkzeugbeanspruchungen, die die Reaktion des Werkzeuges auf die integrale Gesamtbelastung der Umformzone darstellen und die Werkzeugoberfläche sowie den gesamten Werkzeugquerschnitt beeinflußen. Sie resultieren aus der überlagerten Spannungsbeanspruchung infolge der Werkzeugverformung während des Umformprozesses sowie den Temperatureigenspannungen im Werkzeugquerschnitt. Kritische Werkzeugkonturen wie enge Radien, starke Querschnittsübergänge oder schmale, tiefe Nuten, führen in der Regel aufgrund dieser inneren Reaktionsbeanspruchungen zu Bereichen sehr hoher Spannungskonzentrationen an der Werkzeugoberfläche. Die betroffene Werkzeugpartie stellt dann, wie experimentelle Untersuchungen von *Wüthrich u. Schröder* /49/ sowie *Hettig* /21/ bestätigen, den Ausgangsort für mögliches Bruchversagen durch lokale Materialermüdung dar.

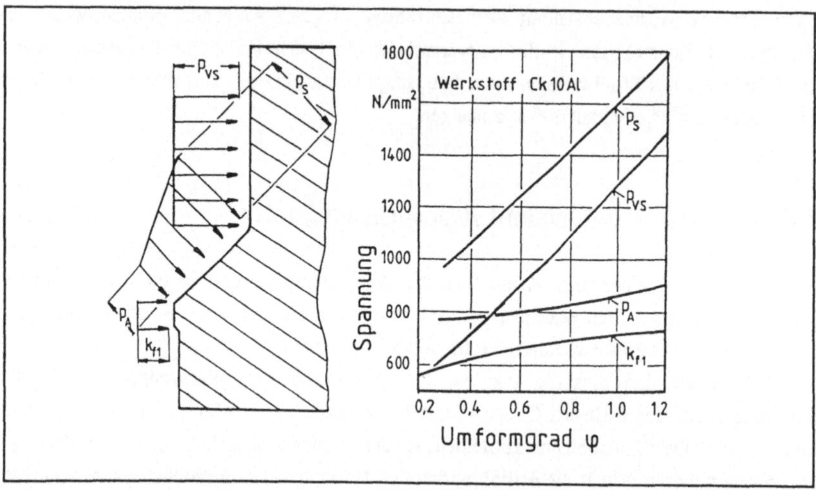


**Bild 2.2:**     Kontaktnormalspannung beim Voll-Vorwärts-Fließpressen in Abhängigkeit vom Umfomgrad für den Werkstoff Ck10Al /64/.

Entscheidende Verbesserungen der numerischen Berechnungsverfahren /8/ sowie eine Vielzahl von FE-Simulationsrechnungen von Schmiede- oder Fließpreßvorgängen /21,50-55/ während der letzten Jahre konnten wichtige Erkenntnisse über die Druck- oder Temperaturverteilung /55,56/ oder das Wärmeübergangsverhalten /57/ in der Kontaktzone zwischen Werkstück und Werkzeug während des Umformprozesses liefern.

Diese Analyseergebnisse konnten bestehende Annahmen der Innendruckverteilung unter anderem von Fließpreßmatrizen entscheidend verbessern, die zumeist von hydrostatischen oder von einfachen nicht-hydrostatischen Druckverteilungen ausgegangen waren. Experimentelle Ergebnisse nach *Baake u.a.*, *Matsubara u.a.*, *Sheljaskov* oder *Maegaard* /58-61/ sowie analytische Betrachtungen, wie sie von *Lange* oder *Bay* angeführt wurden /62,63/, stellten die Grundlage hierfür dar. Ein Beispiel für ein solches Modell der Innendruckverteilung nach *Voelkner u. Leopold* /64/ gibt **Bild 2.2**. Es zeigt die Kontaktnormalspannung beim Voll-Vorwärts-Fließpressen in Abhängigkeit vom Umfomgrad für den Werkstoff Ck10Al.

Die konkrete Vorgabe der aktuellen Werkzeugbelastung als Ergebnis der Stoff-flußsimulation wird einen wichtigen Beitrag für die rechnerunterstützte Werkzeugauslegung /65,66/ leisten, die durch diesen Schritt an Genauigkeit gewinnen wird, vgl. **Bild 2.3**. Erste Ansätze hierzu zeigt die Arbeit von *Vu* /67/ an der Universität Stuttgart, die auf vorangegangen Arbeiten zur Berechnung und Auslegung von Fließpreßmatrizen von *Krämer* und *Neitzert* /32,68/ mit Hilfe von Nomogrammen aufbaut.

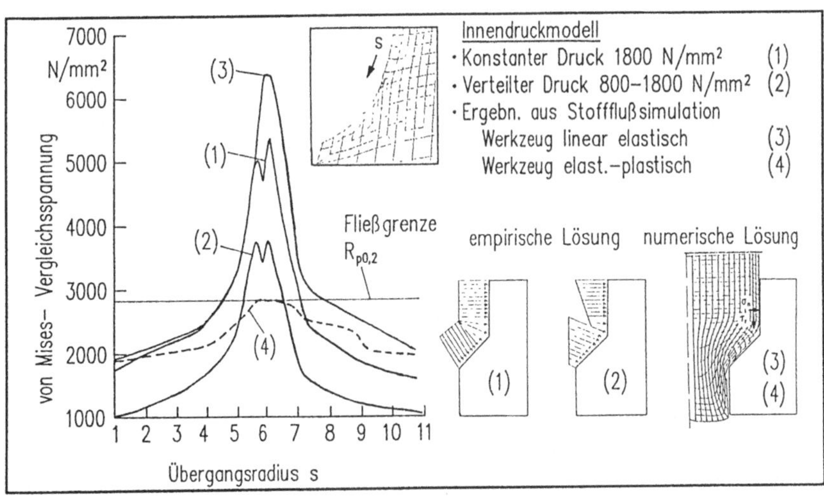


**Bild 2.3:** Einfluß des Innendruckmodells bei der Werkzeuganalyse auf die Verteilung der v.Mises-Vergleichsspannung entlang der kritischen Werkzeugoberfläche (Radius r=0,5mm)

Umfangreiche numerische Untersuchungen der letzten Jahre mit Hilfe der Finite-Elemente-Methode (FEM) oder der Randwertmethode (BEM), unter Berücksichtigung von linear-elastischem, elastisch-plastischem und thermischen Materialverhalten des Werkzeugwerkstoffs konnten zu einer wesentlichen Erweiterung des Kenntnisstandes der inneren Werkzeugbeanspruchung beitragen /69/. Neben den bereits angesprochen Arbeiten zur Untersuchung der Werkzeugbelastung von Preßbüchsen /32,68/ und Stempeln /52,67/ wurden unter anderem von *Matsubara u.Kudo*, *Kling*, *Bulander* und *Hoffmann* Berechnungen zur Klärung des

Aufweitungs- und Verformungsverhaltens von Fließpreßwerkzeugen mit teilweise nicht-rotationssymmetrischen Bohrungen sowie Strangpreßwerkzeugen durchgeführt /70-73/. Von *Knoerr, Chuan u. Weiss, Kocanda* und anderen sind vergleichbare FE-Berechnungen für Schmiedegesenke und Warmumformwerkzeuge bekannt /53,55,74/.

**Bild 2.3** zeigt in diesem Zusammenhang die Ergebnisse der FE-Beanspruchungsanalyse eines Fließpreßwerkzeugs /75/. Dargestellt sind die Auswirkungen unterschiedlicher Innendruckmodelle auf die Verteilung der v.Mises-Vergleichsspannung entlang der Werkzeugoberfläche in Höhe des Übergangsradius zur Fließpreßschulter. Das zugrun-degelegte Materialverhalten der ersten drei Analysefälle (Kurve 1-3) wurde als ideal-elastisch angenommen; im vierten Fall (Kurve 4) wurde im FE-Modell elastisch-plastisches Werkstoffverhalten berücksichtigt. Es ist zu erkennen, daß bisherige Innendruckmodelle die tatsächliche Werkzeugbeanspruchung unterschätzen. Im Fall der lokalen Oberflächenplas-tifizierung kommt es ferner zu einer deutlichen Spannungsumlagerung (Kurve 4), deren Maximum nur noch durch die Fließspannung und die lokale Verfestigung bestimmt wird. Die vereinfachte Modellannahme einer konstanten Innendruckbelastung von 1800 N/mm² liefert für das elastische Werkzeugmodell aber trotzdem eine brauchbare erste Abschätzung.

Für einfache armierte, rotationssymmetrische Fließpreßwerkzeuge liegt die belastungs-kritische Stelle demnach im Bereich des Einlaufradius zur Fließpreßschulter, **Bild 2.3**. Die Auffederung des oberen Matrizenteils infolge der Innendruckbelastung bewirkt eine starke Aufweitung des Übergangsradius gefolgt von einer sehr hohen axialen Zugspannungsbean-spruchung in diesem Bereich. Die äußere Vorspannung durch den Armierungsring in Verbindung mit dem Durchmessersprung der Fließpreßschulter führt darüberhinaus zu einer extremen Schubspannungskomponente in Höhe des Einlaufradius, vgl. Bild 5.11, 5.12 /22/.

Numerische und experimentelle Untersuchungen der Matrizenbeanspruchung von *Hettig* /21/ konnten bestätigen, daß konstruktive Details wie ein kleineres Innendurchmesserverhält-nis, kleinere Schulteröffnungswinkel oder größere Einlaufradien diese Beanspruchungsspitzen wesentlich senken und die Standmenge beträchtlich steigern können. FE-Berechnungen von *Vu* /67/ haben ferner den bekannten positiven Einfluß einer zusätzliche radialen oder axialen Vorspannung oder geeigneten Teilung des Werkzeugs dokumentiert.


Die in **Bild 2.3** gezeigte extrem hohe und unrealistische Spannungsbelastung von über 6000 N/mm² - mit Zugspannungsspitzen von 2000N/mm² und höher im linear-elastischen Fall sowie überlagerten Schubspannungskomponenten gleicher Größenordnung - überschreitet im allgemeinen die Belastbarkeit in der Praxis gängiger Werkzeugwerkstoffe /42,76,77/. Im Fall zäher Warmarbeitsstähle werden diese Spannungsspitzen durch ausgedehnte makroskopische Plastifizierungen der Werkzeugoberfläche abgebaut und bewirken bleibende Formänderungen der Werkzeugkontur /53,55/. Eine eventuelle zyklische Belastung des Oberflächenmaterials kann zur Anrißbildung durch lokale Ermüdung führen und verursacht den nachfolgenden

Ermüdungsbruch /49/. Die zusätzliche Unterstützung des Ermüdungsrißwachstums durch gefährliches, thermisch bedingtes Kriechwachstum bei hohen Betriebstemperaturen von Warmumformwerkzeugen soll an dieser Stelle nur genannt werden, jedoch im folgenden nicht weiter berücksichtigt werden.

Im Fall der üblicherweise für die Werkzeuge der Kaltmassivumformung eingesetzten Kalt- und Schnellarbeitsstähle können diese Spannungsspitzen an der Oberfläche allerdings nur durch Bruch der Ledeburitkarbide oder Mikroplastifizierungen der Grundmatrix abgebaut werden /76/. Sie führen zur Bildung von Mikrorissen, die das nachfolgende Ermüdungsrißwachstum bei zyklischer Belastung begünstigen /21,39/.

Bei Verwendung von gesinterten Hartmetallwerkstoffen, die aufgrund ihrer hohen Verschleißbeständigkeit und geringen elastischen Auffederung zunehmend Verwendung bei Werkzeugen der Kaltmassivumformung finden, können nach Untersuchungen von *Wißmeier* derartige Zugspannungsspitzen bereits bei kleinen Oberflächenfehlern oder Gefügeinhomogenitäten zum spontanen Gewaltversagen führen /23/. Schuld daran ist die extreme Sprödigkeit dieser Werkstoffe und ihre geringe Biegebruchfestigkeit, die nach einer zugspannungsfreien Auslegung von Hartmetallwerkzeugen verlangt /41/.


## 2.4 Das Bruchverhalten von Fließpreßmatrizen

In grundlegenden Arbeiten von *Reiss* /20/ und *Hettig* /21/ konnten mit Hilfe von Standmengenuntersuchungen wertvolle Erkenntnisse zum Bruchverhalten von Fließpreßmatrizen gewonnen werden. Werkstoffkundliche Untersuchungen von *Wißmeier* /23/ zum Bruchverhalten von Hartmetallfließpreßmatrizen ergänzen diese Ergebnisse.

Die typischen Versagenserscheinungen eines Fließpreßwerkzeugs sind am Beispiel einer Voll-Vorwärts-Fließpreßmatrize aus Hartmetall in **Bild 2.4** abgebildet. Dargestellt ist zum einen das Bruchbild der Matrize nach erfolgtem Ermüdungsbruch (die obere Matrizenhälfte ist zu diesem Zweck entfernt) und das verschlissene Oberflächenrelief der Fließpreßschulter mit weiteren Ermüdungsanrissen.

Bei rotationssymmetrischen Fließpreßmatrizen des gezeigten Typs treten Ermüdungsrisse zumeist als Querrisse auf. Sie breiten sich in horizontaler Richtung, teilweise unter Bildung eines charakteristischen zick-zack-förmigen Rißprofils, konzentrisch über den Werkzeugquerschnitt aus. **Bild 2.5** zeigt in diesem Zusammenhang den Längsschnitt durch eine Preßbüchse mit fortgeschrittenem Ermüdungsriß; der charakteristische Rißverlauf ist deutlich zu erkennen.

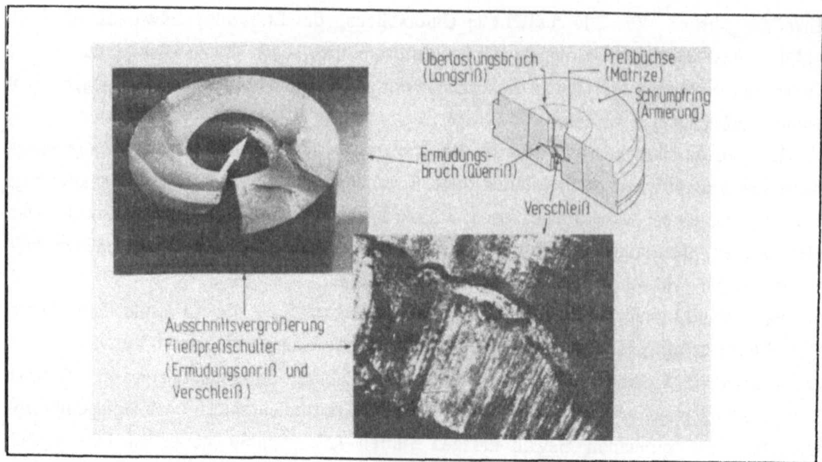



**Bild 2.4:**  Ermüdungsbruch und Verschleiß als charakteristische Versagensursache von Fließpreßmatrizen

Ausgangsort der Rißinitiierung ist in diesem Fall, wie bereits erwähnt, das Spannungsmaximum am Eintrittsradius zur Fließpreßschulter. Das weitere Rißwachstum erfolgt zunächst relativ rasch bis es nach mehreren Millimetern Rißtiefe zunehmend verzögert fortschreitet. Bei Erreichen einer kritischen Rißtiefe $a_{kr}$ versagt der Restquerschnitt der Matrizenwand durch Restgewaltbruch, was im allgemeinen an der matten, kristallinen Bruchoberfläche des zerstörten Werkzeugs deutlich zu erkennen ist. **Bild 2.6** zeigt hierzu das gemessene Rißwachs-

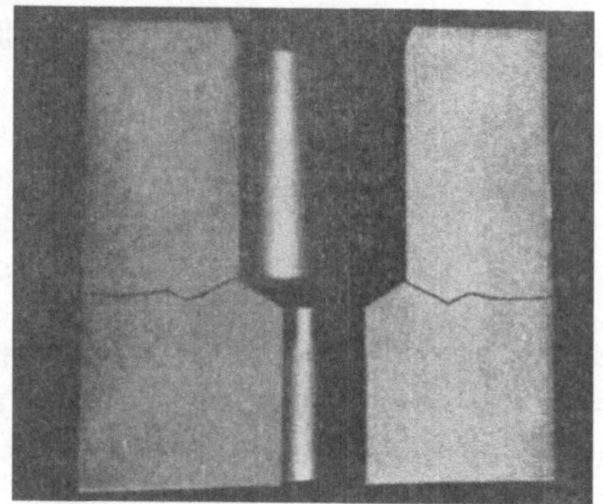

**Bild 2.5:**  Schnitt durch eine Fließpreßmatrize mit fortgeschrittenem Ermüdungsriß

tumsverhalten mehrerer Versuchswerkzeuge dieses Typs als Ergebnis experimenteller Standmengenuntersuchungen von *Reiss* /20/. Das Anrißverhalten wurde hierbei on-line mittels des Wirbelstrommeßverfahrens überwacht, das weitere Rißausbreitungsverhalten im Matrizenquerschnitt mittels Ultraschallmessung aufgezeichnet. In der Darstellung lassen sich deutlich die Phasen unterschiedlicher Rißausbreitungsgeschwindigkeit sowie die große Streuung erkennen, die das Restversagen bestimmen.

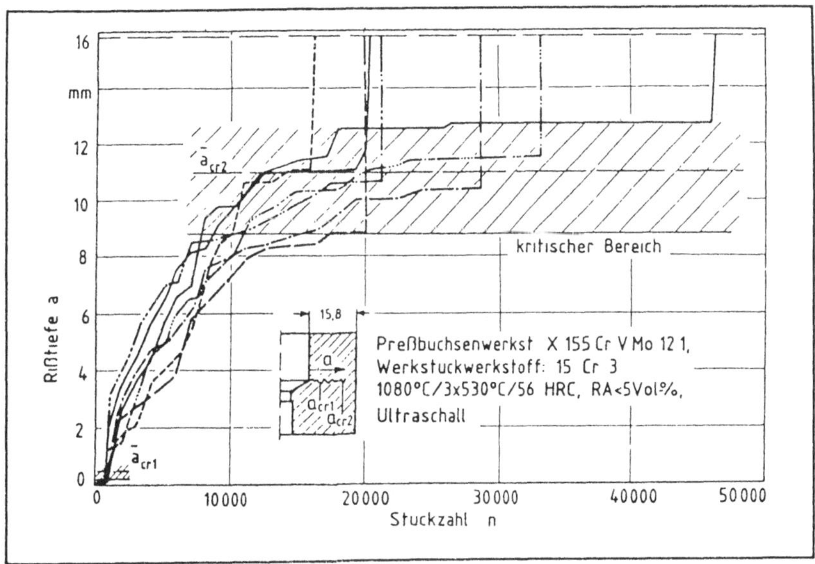


**Bild 2.6:**   Rißwachstumsverhalten im Querschnitt eines Fließpreßwerkzeugs: Ultraschall-meßergebnisse an 7 Versuchswerkzeugen gleichen Typs nach /20/.

Als entscheidende Aussage für den Praktiker haben die Ultraschalluntersuchungen erbracht, daß die Erscheinung Ermüdungsriß nicht unmittelbar zum Versagen des Werkzeugs führen muß. Unter günstigen Belastungsbedingungen im Werkzeug kann es zum Rißstillstand (Rißarretierung) kommen; das Leben des Werkzeugs mit Riß ist danach durchaus möglich. Neuere FE-Untersuchungen an Fließpreßmatrizen mit Riß von *Wißmeier* und *Hänsel* bestätigen dies /23,75/.

Schliffbilder der Werkzeuge aus den Arbeiten von *Reiss* und *Hettig* konnten zeigen, daß in den Rißspalt eingepreßtes Schmiermittel oder abgescherte Werkstoffpartikel infolge Keilwirkung eine Zusatzbelastung auf den Riß darstellen und letztendlich das weitere Wachstum des Risses bis zum Restgewaltbruch begünstigen. Im Fall horizontal geteilter Werkzeuge müssen aufgrund dieses Effekts auch Entlüftungsbohrungen vorgesehen werden. Die axiale Vorspannung verhindert die Öffnung des Rißspalts und somit die Fremdmaterialeinbringung. Der stark stochastische Charakter dieser Zusatzbelastung erklärt die großen Streuungen der Restlebensdauern im Fall der Fließpreßmatrizen nach anfänglich stabiler Rißausbreitung. Desweiteren können Ausbröckelungen der Rißufer das Versagen der Werkzeugoberfläche herbeiführen.

Im Gegensatz zu der langen Rißinitiierungsphase, die bei Schmiedegesenken beobachtet werden kann, führt die zyklische Wechselbelastung im Fall des spröderen Matrizenwerkstoffs bereits innerhalb weniger Pressenhübe zur Anrißbildung. Die Rißinitiierungsphase in der Größenordnung von $10^1$-$2\times10^2$ Lastwechseln hat deshalb keinen wesentlichen Einfluß auf die Gesamtlebensdauer. Sie wird aber indirekt entscheidend durch die Anwesenheit wachstumsfähiger Anrisse bestimmt. Die aus der Praxis bekannten Maßnahmen zur Standmengenerhöhung zielen aus diesem Grund primär darauf ab, die Entstehung und das Wachstum von Mikrorissen an der Werkzeugoberfläche zu verhindern bzw. zu verzögern. Konstruktiv wird dies wie berichtet durch den Abbau von Spannungsspitzen mit Hilfe von Drucküberlagerung durch Werkzeugvorspannung, mit Hilfe geeigneter Werkzeugteilung oder mit Hilfe 'entschärfter' Werkzeugkonturen erreicht.

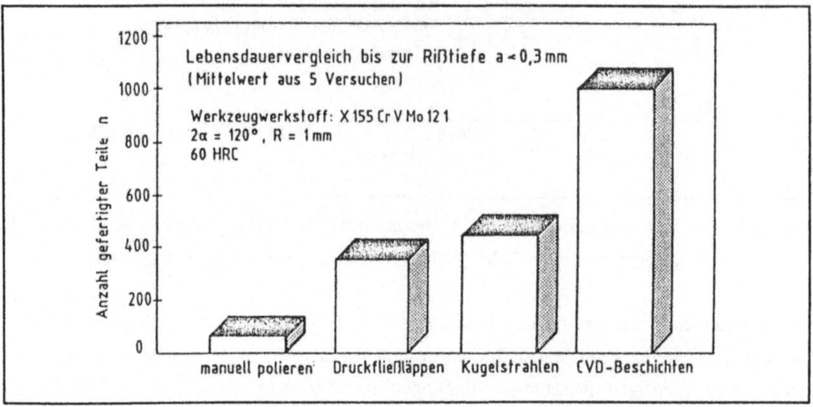


**Bild 2.7:**     Vergleich unterschiedlicher Oberflächenbehandlungsverfahren hinsichtlich hinsichtlich ihres Einflusses auf das Rißinitiierungsverhalten /21/.

Auf der anderen Seite stehen fertigungstechnische Maßnahmen zur Vermeidung von Oberflächenfehlern bei der Werkzeugherstellung. Hierbei ist unbedingt auf eine geeignete Nachbehandlung geschliffener oder senkerodierter Funktionsflächen zur Verbesserung der Oberflächenqualität zu achten /13/. *Reiss* /20/ hat mit seinen systematische Untersuchungen zum Bruchverhalten von Fließpreßmatrizen darüberhinaus den Einfluß der exakten Einhaltung der Wärmebehandlung auf die Rißeinleitung und -ausbreitung unterstrichen. Darauf aufbauende Untersuchungen zur Ermüdungsrißeinleitung von *Hettig* /21/ haben zu zeigen vermocht, daß in die Oberflächenrandschicht eingebrachte Druckeigenspannungen, als Folge einer mechanischen Nachbearbeitung oder einer Beschichtung der Oberfläche, die Werkzeuglebensdauer zu steigern vermögen. Einen ähnlichen Erfolg erhofft man sich auch durch eine partielle Wärmebehandlung der Oberfläche beispielsweise mit dem Laserstrahl /5/.

**Bild 2.7** zeigt hierzu den Einfluß unterschiedlicher Behandlungsverfahren auf die Anrißlebensdauer von Fließpreßmatrizen. Der berichtete positive Einfluß von Druckeigenspannungen auf das Ermüdungsverhalten von zyklisch beanspruchten Bauteilen ist aus der Werkstofftechnik bekannt und dort seit Jahren Gegenstand intensiver Untersuchungen /78/.

## 2.5 Numerische Simulation des Bruchversagens

Moderne numerische Berechnungsverfahren wie die Finite Elemente Methode (FEM) oder Boundary Elemente Methode (BEM) haben den Beschreibungsmöglichkeiten der Bruchmechanik und Schädigungsmechanik den Zugang zu einer Vielzahl neuer Anwendungsfälle der ingenieurmäßigen Praxis geöffnet. Die numerische Beanspruchungsanalyse ermöglicht es, die experimentellen und mechanischen Grundlagenergebnisse hinsichtlich der Werkstoffermüdung und des Bruchverhaltens, ohne den Aufwand bisheriger analytischer Näherungsverfahren, von einfachen idealisierten Laborproben auf komplexe reale Bauteile zu übertragen.

Das gemeinsame Ziel dieser intensiven Bemühungen ist die zuverlässige Beurteilung der Betriebssicherheit sicherheitsrelevanter Bauteile bereits im Konstruktionsstadium zur Vermeidung schwerwiegender Schadensfällen während des späteren Betriebs /79/. Zur gezielten Vorhersage der erreichbaren Bauteillebensdauer werden je nach Ausfallkriterium im allgemeinen zwei unterschiedliche Wege eingeschlagen. *Heuler u. Schütz* geben hierzu einen umfassenden Überblick /80/. Der erste Fall beschränkt sich auf die Simulation der Ermüdungsrißbildung durch Betrachtung der lokalen Oberflächenermüdung bis zur Bildung sicherheitskritischer Anrisse /81/. Zur Betrachtung des Rißwachstums bis zum Bauteilversagen durch Restgewaltbruch finden hingegen bruchmechanische Konzepte ausgehend von vorhandenen Oberflächenfehlern oder tieferen Ermüdungsrissen Anwendung /82/.

Die Simulation der Rißausbreitung unter statischer oder zyklischer Belastung an einfachen Körpergeometrien kann heutzutage bereits in vielen Fällen als Stand der Technik bezeichnet werden und wird bereits von einer Reihe kommerzieller FE-Programmpakete softwaremäßig unterstützt. Eine Vielzahl grundlegender und anwendungsbezogener Arbeiten liegen hierzu beispielsweise von *Atluri u.a.*, *Owen u.a.*, *Saouma u. Zatz*, *Ingraffea u.a.*, *Knesl*, *Westendorf*, oder *Reimers* vor /83-89/.

Obwohl die numerischen Hilfsmittel für die Simulation des Bruchversagens bereits seit geraumer Zeit zur Verfügung stehen und auch vielversprechende Erfolge gezeigt haben, sind aus dem Bereich der Umformtechnik erst wenige Arbeiten hierzu bekannt. Dies ist umso verwunderlicher, betrachtet man die internationalen Aktivitäten auf dem Sektor der Werkzeugentwicklung. Die zögerliche Verbreitung und Akzeptanz bruchmechanischer oder schädigungsmechanischer Beschreibungsmöglichkeiten in der konstruktiven Praxis der Werkzeugauslegung mag jedoch zum einen an den extrem komplexen Randbedingungen des Simulationsmodells 'Umformwerkzeug' liegen wie auch der notwendigen, tiefen theoretischen Durchdringung der Problematik sowie dem schlichten Fehlen geeigneter Werkstoffkennwerte. Der hohe Modellierungs- und Berechnungsaufwand und der dafür erforderliche Personaleinsatz spielen darüberhinaus eine nicht zu unterschätzende Rolle.

Vorliegende Untersuchungen beschränken sich aus diesen Gründen vornehmlich auf die FE-Berechnung der Werkzeugbeanspruchung und eine vereinfachte Schädigungsanalyse der erhaltenen Spannungs-Dehnungsfelder. Zur Untersuchung kamen hierbei z.B. Schmiedegesenke in Arbeiten von *Kocanda, Wüthrich u. Schröder* oder *Knörr* /49,55,74/, Fließpreßmatrizen nach *Reiss* /20/ oder Matrizen zur Herstellung pulvermetallurgischer Preßrohlinge nach *Rich u. Orbison* /90/. In Kombination mit experimentellen Bruchuntersuchungen an Kerbproben konnten, trotz der vorgenommenen Vereinfachungen, bereits brauchbare, qualitative Erklärungen des in der Praxis beobachteten Anriß- und Rißausbreitungsverhaltens geliefert werden.

Weitergehende bruchmechanische Analysen zur Interpretation der Werkzeugbeanspruchung unter Einwirkung eines sich ausbreitenden Ermüdungsrisses sind bisher nicht bekannt und wurden erstmals von *Wißmeier* und *Hänsel* zur Klärung des Bruchverhaltens von Stahl- und Hartmetallmatrizen durchgeführt /22,23/. *Wißmeier* konnte in seiner Arbeit den Einfluß der Gefügezusammenzusetzung von WC-Co Hartmetallegierungen, in Abhängigkeit von der WC-Korngröße und des Kobaltgehalts, auf deren statisches und zyklisches Bruchverhalten klären. Es zeigte sich unter anderem, daß zukünftig bei der Werkzeugauslegung und Versagensbeschreibung einer statistischen Betrachtung von Fehlerursachen und -verteilungen ein größeres Gewicht zukommen muß.

Aufgrund der komplexen Beanspruchungsverhältnisse realer Bauteile sind den Möglichkeiten der Simulation jedoch auch heute noch in vielen Anwendungsfällen Grenzen gesetzt. Dies liegt vor allem an den unzureichenden Beschreibungsmöglichkeiten des Rißwachstumsverhaltens unter schwingenden, mehrachsigen Belastungsbedingungen sowie den fehlenden Werkstoffkennwerten. Die numerische Beanspruchungs- und Schadensanalyse kann aber wesentlich zu einem besseren Verständnis der vorliegenden Schadensfälle und der dazu führenden Schädigungsprozesse beitragen. Es gilt daher, den Praktiker an diese neuen Berechnungsmethoden heranzuführen und ihn mit den Möglichkeiten der Versagenssimulation im Rahmen einer erweiterten rechnerintegrierten Werkzeugauslegung vertraut zu machen.

# 3. Zielsetzung und Aufgabenstellung

Die bisherigen Ausführungen haben die Notwendigkeit verdeutlicht, die FE-Simulation des Werkzeugversagens als neuen CA-Baustein für die rechnerintegrierten Werkzeugauslegung und -optimierung zur Verfügung zu stellen. Aus diesem Bedarf der Praxis leitet sich die grundlegende Zielsetzungen der vorliegenden Forschungsarbeit ab: Entwicklung eines Programmbausteins zur Simulation des Bruchversagens von Umformwerkzeugen. Diesen Baustein gilt es, als Post-Prozessor für die FE-Werkzeuganalyse im Rahmen der Prozeß-Simulation Umformtechnik zur Verfügung zu stellen.

Zur Erfüllung des gesetzten Ziels ergeben sich die folgenden Aufgabenstellungen:
- Erarbeitung eines Konzepts zur Simulation des Werkzeugversagens aufbauend auf den Ergebnissen der Stoffflußsimulation,
- Entwicklung geeigneter Programmalgorithmen zur Simulation der Rißausbreitung im Werkzeugquerschnitt, wie der anfänglichen Rißinitiierung an der Werkzeugoberfläche, unter Heranziehung bekannter Versagenskonzepte der Bruchmechanik,
- Verbesserung und Weiterentwicklung der bestehenden bruchmechanischen Grundlagen mit Blick auf die speziellen Problemstellungen bei der Simulation der Rißeinleitungs- und Rißausbreitungsphase an Umformwerkzeugen,
- Verifizierung der entwickelten Ansätze im direkten Vergleich von Simulationsrechnung mit praktischen Versagensfällen, als Ergebnis eigener, idealisierter Ermüdungsversuche sowie aus der Literatur verfügbarer praxisnaher Standmengenuntersuchungen von Umformwerkzeugen,

In einem einleitenden Kapitel sollen zunächst die für die Simulation von Bruchvorgängen erforderlichen theoretischen Grundlagen der Bruchmechanik zur Verfügung gestellt werden. Diese gilt es weiterführend durch eigene Entwicklungen an die speziellen Bedürfnisse der Bruchsimulation von Umformwerkzeugen anzupassen. Gleichzeitig soll ein Überblick über die angewandten numerischen Methoden gegeben werden, die zur Ermittlung der Bruchmechanikkennwerte im Rahmen der Werkzeugsimulation herangezogen werden.

In einem zweiten Schritt sollen die Grundgedanken der Versagenssimulation im Rahmen der Prozeßsimulation in der Umformtechnik (PSU) aufgezeigt werden. Eingangs wird hierzu die PSU-Programmumgebung vorgestellt. Daran anschließend werden die einzelnen Schritte der FE-Werkzeuganalyse als Ausgangsbasis der weiteren Simulation des Werkzeugversagens beschrieben. Hierzu dienen im Verlauf dieser Arbeit erzielte Simulationsergebnisse von Werkstück- und Werkzeugberechnungen am Beispiel des Fließpressens. Bei diesen Betrachtungen wird exemplarisch auf eine einfache Voll-Vorwärts-Fließpreßmatrize zurückgegriffen, zu der für die nachfolgenden Versagensbetrachtungen aus praxisnahen Standmengenuntersuchungen nach Arbeiten von *Reiss* und *Hettig* /20,21/ ausreichend experimentelle Vergleichswerte des Werkzeugversagens vorliegen.

Der nächste Schritt umfaßt die Erarbeitung der praktischen und programmtechnischen Vorgehensweise zur Simulation der Rißausbreitung am FE-Modell, ausgehend von der vorgestellten Theorie der Linear Elastischen Bruchmechanik und den Ergebnissen der FE-Werkzeuganalyse. Im Zusammenhang mit diesen Erklärungen sollen die Grundzüge der entwickelten Programmstruktur erläutert werden.

Darauf aufbauend soll im folgenden gezeigt werden, wie in Kombination von FE-Simulation und Bruchmechanik, durch Korrelation der Werkzeugbeanspruchung mit bruchmechanischen Rißwachstums- bzw. Versagenskriterien eine Abschätzung der Werkzeuglebensdauer vorgenommen werden kann.

Zur experimentellen Verifizierung des entwickelten Ansatzes soll der direkte Vergleich von Simulationsrechnung und Versuchsergebnissen eigener Rißfortschrittsuntersuchungen an zyklisch belasteten, gekerbten Drei-Punkt-Biegeproben die Brauchbarkeit der Methode demonstrieren. Weiterführend sollen mit Hilfe von Simulationsergebnissen des realen Anwendungsfall einer Fließpreßmatrize der Stand des derzeitig Machbaren bei der Versagenssimulation aber auch die derzeitigen Probleme bei der Lebensdauerabschätzung verdeutlich werden.

# 4.  Grundlagen der Bruchmechanik für die Versagens-
## simulation

### 4.1  Bedeutung der Bruchmechanik bei der Werkzeugauslegung

Ein Grundgedanke bei der Versagenssimulation von Umformwerkzeugen ist es, mögliche Schwachstellen der Werkzeugauslegung als Versagensursachen rechtzeitig zu erkennen und durch geeignete konstruktive Gegenmaßnahmen der vorzeitigen und unkontrollierten Zerstörung des Werkzeugs entgegenzuwirken /79/. Im Falle des Bruchversagens bedeutet dies, die Entstehung und das Wachstum von Ermüdungsrissen möglichst zu begrenzen, wenn nicht gar zu vermeiden. Hierzu müssen aber die zur Rißbildung und- ausbreitung verantwortlichen Bruchmechanismus und Ursachen verstanden und beherrscht werden.

Zur vollständigen Beschreibung des Bruchverhaltens ist neben der makroskopischen Betrachtung (Bruchart, Bruchoberfläche, Werkstoffkennwerte etc.) zusätzlich eine mikroskopische Beschreibung notwendig, um die physikalischen Vorgänge während der Rißausbreitung mathematisch in einem Modell erfassen zu können. Es gilt daher, den Bruch charakterisierende Kenngrößen zu finden und deren Werte als Funktion der Belastung und der Rißlänge für die vorliegende Körpergeometrie anzugeben. Von wesentlicher Bedeutung dafür ist die Kenntnis des Spannungs- und Dehnungszustandes vor der Rißspitze. Die Bestimmung und versagenskritische Beurteilung dieser Spannungs- und Dehnungsfelder in Abhängigkeit von Belastung, Rißgeometrie und Werkstoffverhalten ist Aufgabe der Bruchmechanik.

In der Umformtechnik kann die Bruchmechanik in diesem Zusammenhang eine entscheidende und völlig neue Position bei der Werkzeugauslegung einnehmen. Sie kann zur Problemlösung folgender Fragestellungen beitragen /39/:

- Ermittlung der zulässigen Betriebsbeanspruchung unter Annahme fertigungsbedingter Oberflächenfehler als Richtwerte für die konstruktive Werkzeuggestaltung,
- Beurteilung des Oberflächenzustandes der Werkzeuge hinsichtlich der Größenordnung tolerierbarer Oberflächenfehlern sowie der Notwendigkeit einer Oberflächennachbearbeitung zur Vermeidung des Gewaltbruchs,
- Abschätzung der Werkzeuglebensdauer zur Überprüfung und Optimierung der Prozeßführung (Reduzierung von Umformkräften, Temperaturen oder Druckberührzeiten) sowie der Werkzeugauslegung,
- Vergleich von alternativen Werkzeugwerkstoffen in bezug auf ihre Rißbeständigkeit unter Betriebsbedingungen zur optimalen Werkstoffauswahl.

Im Gegensatz zu diesen erfolgversprechenden Möglichkeiten ist die Akzeptanz bruchmecha-
nischer Versagenskonzepte bei der Auslegung von Umformwerkzeugen in der industriellen
Praxis bisher jedoch noch kaum gegeben. Schuld daran ist unter anderem der für den
Umformtechniker auf den ersten Blick scheinbar sehr komplexe und äußerst theoretische
Charakter dieser Fachdisziplin. Die Begriffe 'Spannungsintensitätsfaktor' oder 'J-Integral'
sind in diesem Zusammenhang für den Konstrukteur fast ausnahmslos noch Fremdwörter.
Für die meisten Umformtechnikbetriebe bedeutet die Bruchmechanik, die bei der Werkzeugauslegung zusätzlich nur in Verbindung mit einer numerischen Simulation der Werkzeugbeanspruchung zum Erfolg führen kann, deshalb unvertrautes Neuland und läßt sie vor der
routinemäßigen Anwendung zurückschrecken.

Eine Zielsetzung des vorliegenden Forschungsberichtes sollte es daher sein, dem Praktiker die wesentlichen Grundüberlegungen der Bruchmechanik näher zu bringen und zugleich
die erforderliche Kenntnis über die Bruchmechanikkonzepte bei der FE-Simulation von
Bruchvorgängen an Umformwerkzeugen zu vermitteln /82,99-101/. In diesem Zusammenhang gilt es insbesondere, die bruchmechanischen Grundlagen der entwickelten Simulations-
software vorzustellen und die vorgenommenen Erweiterungen bestehender Ansätze auf die
speziellen Belange der Versagenssimulation von Umformwerkzeugen zu beschreiben.


## 4.2 Begriffe


Unter einem Bruch wird die Trennung eines Werkstoffes durch mechanische Beanspruchung
verstanden. Der Mehrstadienprozeß des Bruchvorganges läßt sich durch folgende Teilschritte
beschreiben und begrifflich eindeutig trennen /100/:


- *Rißbildung*: Bildung eines Risses an einer bisher rißfreien Oberfläche durch mecha-
  nische oder korrosive Beanspruchung, begünstigt durch Oberflächenfehler des
  Bauteils (Fertigungsprozeß, Werkstoffinhomogenitäten etc.).
- *Rißeinleitung* (Rißauslösung): Übergang von einem ruhenden zu einem bewegten
  (dynamischen) Riß, hervorgerufen durch statische oder dynamische Belastung.
- *Rißausbreitung*: Rißvergrößerung mit Bruch des Werkstoffes als Endstadium. Es
  wird dabei zwischen dem stabilen, instabilen und allmählichen (subkritischen)
  Rißwachstum unterschieden.
- *Rißarretierung* (Rißauffang): Übergang von einem sich ausbreitenden Riß zu einem
  ruhenden Riß.


Je nach Art der Belastung können die Teilschritte bei schwingender, thermischer oder
chemischer Beanspruchung unterschiedlichen Anteil an der Dauer bis zum Bruch haben.

Beim *Gewaltbruch* laufen die Teilschritte Rißbildung und Rißausbreitung während eines einmaligen Belastungsvorgangs, zumeist wegen statischer Überlastung, unmittelbar hintereinander ab und führen zum direkten Versagen des Bauteils. Demgegenüber erfolgt die Werkstoffschädigung und damit das Versagen beim *Ermüdungsbruch* quasi-kontinuierlich in kleinen Schritten, hervorgerufen durch eine schrittweise Ermüdung des Rißspitzenbereichs infolge zyklischer Be- und Entlastung des Bauteils.

Der Rißspitzenbereich umfaßt im wesentlichen drei Zonen: a) die elastisch verformte Zone, b) die plastisch verformte bzw. energiedissipative Zone $r_{pl}$ (I) und c) die verhältnismäßig kleine Bruch- oder Prozeßzone $\delta^*$ (II). Letztere bildet den Übergangsbereich zwischen dem unzerstörten Grundmaterial und der Rißfront in Richtung der Rißausbreitung. In **Bild 4.1** ist hierzu der Schnitt durch einen halbelliptischen Oberflächenriß in einer Platte gezeigt. Der Riß läßt sich anhand dieser Abbildung mit den folgenden Begriffen eindeutig beschreiben: 1) Rißöffnung $\delta$, 2) Rißlänge $l$, 3) Rißufer bzw. -kanten, 4) Rißfläche, 5) Rißfront oder Rißgrund, 6) Rißflanken, 7) Rißtiefe $a$ 8) Rißspitze als jeweiliger Betrachtungspunkt der Rißfront und 9) der Rißausbreitungsrichtung.

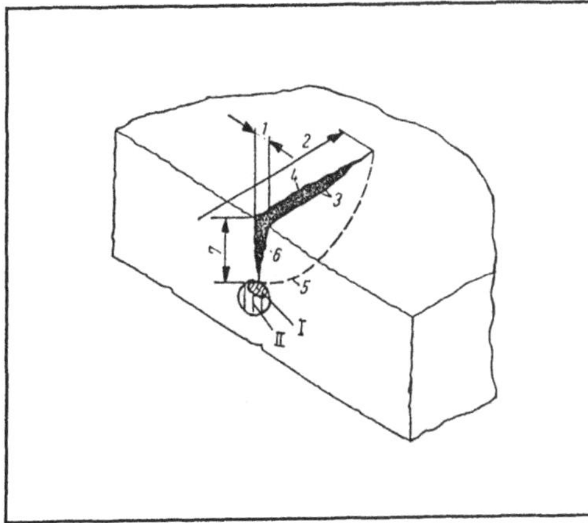


**Bild 4.1:** Beschreibung eines Risses am Beispiel eines halbelliptischen Oberflächenrisses in einer ebenen Platte

## 4.3 Das Spannungsfeld vor der Rißspitze

Ein Riß stellt eine Störung im Spannungsfeld eines homogenen Körpers dar und verursacht unter Zugbelastung eine Spannungsüberhöhung vor seiner Rißspitze. Eine einfache mathematische Beschreibung der Spannungs- und Verschiebungsfelder des Rißspitzenbereichs wurde von *Sneddon* bzw. *Irwin u. Williams* als **Rißnahfeldlösung**, unter Vernachlässigung der Glieder höherer Ordnung einer Reihenentwicklung nach *Westergaard*, eingeführt /82/. Die Gleichungen für den ebenen Fall lauten unter Verwendung der Polarkoordinaten des Rißfeldes $r$ (Abstand zur Rißspitze) und $\varphi$ (Umfangswinkel) wie folgt:

$$\sigma_x = \frac{K_I}{\sqrt{2\pi r}} \cos\frac{\phi}{2}\left(1 - \sin\frac{\phi}{2}\cdot\sin\frac{3\phi}{2}\right) \tag{4.1}$$

$$\sigma_y = \frac{K_I}{\sqrt{2\pi r}} \cos\frac{\phi}{2}\left(1 + \sin\frac{\phi}{2}\cdot\sin\frac{3\phi}{2}\right)$$

$$\tau_{xy} = \frac{K_I}{\sqrt{2\pi r}} \cos\frac{\phi}{2}\sin\frac{\phi}{2}\cos\frac{3\phi}{2}$$

mit $\sigma_z = \nu(\sigma_x + \sigma_y)$ für den EFZ und $\sigma_z = 0$ für den ESZ. Analoge Gleichungen lassen sich für die Verschiebungen der Rißufer der Rißspitzenumgebung herleiten.

Nach der Art der Rißbeanspruchung unterscheidet man drei grundlegende **Rißöffnungsarten**. Sie werden üblicherweise durch die Indizes I,II,III gekennzeichnet (**Bild 4.2**). Der Fall I ist charakteristisch für Zugbelastung, die Rißflanken werden dabei aufgespreizt. Der Fall II tritt bei ebener Schubbelastung auf, die Rißflanken werden aufeinander parallel zur Rißfront verschoben. Der Fall III tritt bei verschiedenen Schub- oder Torsionsproblemen auf und die Rißflanken werden senkrecht zur Rißfront aufeinander verschoben.

**Bild 4.3** zeigt den Rißfall für das dreidimensionale Kontinuum. Der dargestellte dreiachsige Belastungszustand führt zu einer **Überlagerung der Rißöffnungsarten** und ihrer singulären Rißnahfelder. Mathematisch wird dieses überlagerte Spannungsfeld einer sog. Mixed-Mode Beanspruchung durch den Spannungstensor $\sigma_{km}$ ausgedrückt ((k,m) = x,y,z):

$$\sigma_{km} = \frac{1}{\sqrt{2\pi r}} \cdot \left[K_I f^I_{km}(\phi) + K_{II} f^{II}_{km}(\phi) + K_{III} f^{III}_{km}(\phi)\right] \tag{4.2}$$

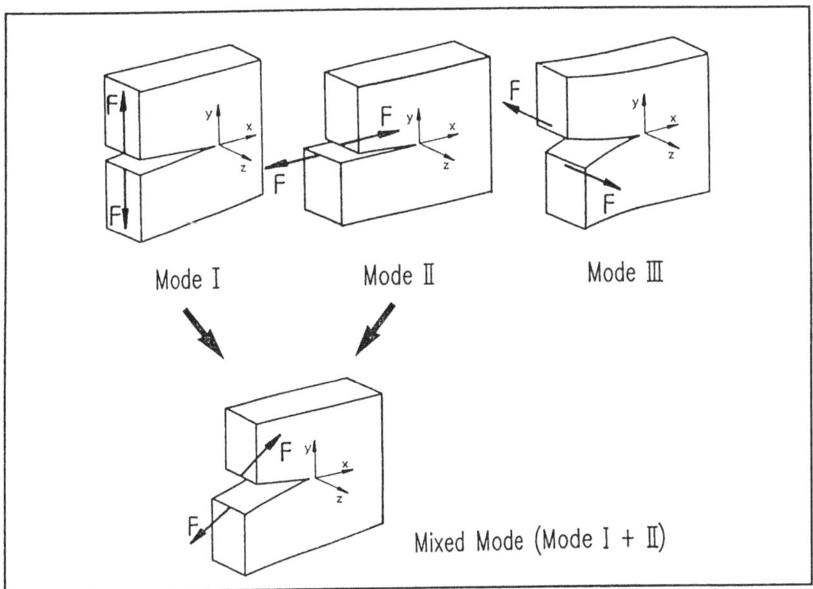



**Bild 4.2:**     Die drei grundlegenden Rißöffnungsarten I, II, III

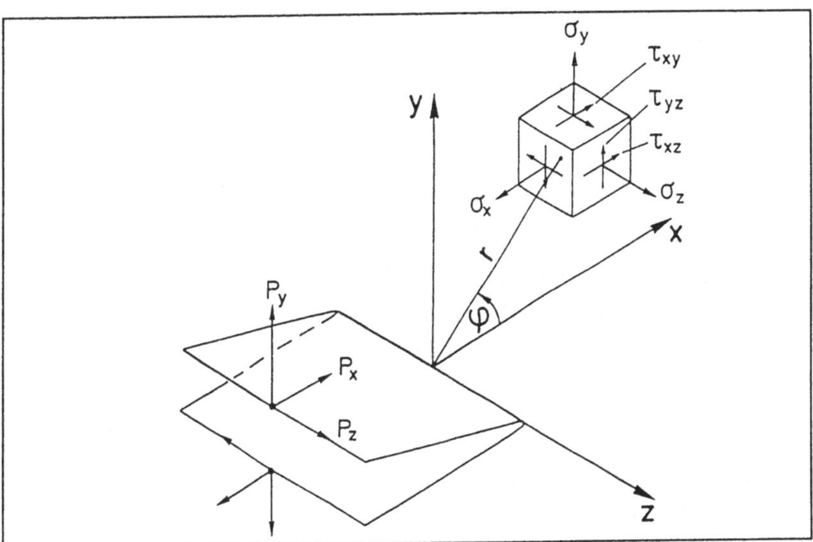



**Bild 4.3:**     Spannungen vor der Rißspitze eines dreiachsig belasteten Risses

Die analoge Formulierung für das Verschiebungsfeld lautet:

$$u_m = \sqrt{\frac{r}{2\pi} \cdot \frac{1}{2G}} \cdot [K_I \cdot g^I{}_m(\phi) + K_{II} \cdot g^{II}{}_m(\phi) + K_{III} \cdot g^{III}{}_m(\phi)] \tag{4.3}$$

Die dimensionslosen Feldfunktionen $f^I{}_{km}(\varphi)$, $f^{II}{}_{km}(\varphi)$, $f^{III}{}_{km}(\varphi)$ bzw. $g^I{}_m(\varphi)$, $g^{II}{}_m(\varphi)$, $g^{III}{}_m(\varphi)$ verkörpern hierbei die entsprechenden ersten Glieder der trigonometrischen Reihenentwicklung nach *Westergaard* /101/.

Aus Gl.(4.2) lassen sich in Anlehnung an Gl.(4.1) die Spannungsverteilungen des singulären Rißnahfeldes für die überlagerte Beanspruchung aus Zug und ebenem Schub herleiten. Dieser Fall der **Mixed-Mode Beanspruchung** aus Rißöffnungsmodus I und II besitzt für die praktische, ingenieurmäßige Anwendung neben der Rißbeanspruchung durch reine Zugnormalspannungen die größte Bedeutung /103,104/. Für den in Rahmen dieser Arbeit vornehmlich betrachteten rotationssymmetrischen Anwendungsfall ohne Torsionsbeanspruchung genügt es zudem, sich auf diese beiden Belastungsmodi zu beschränken. Die dazugehörigen Spannungsfeldgleichungen des Mixed-Mode-Falls lauten:

$$\sigma_x = \frac{K_I}{\sqrt{2\pi r}} \cos\frac{\phi}{2} (1 - \sin\frac{\phi}{2} \sin\frac{3\phi}{2}) - \frac{K_{II}}{\sqrt{2\pi r}} \sin\frac{\phi}{2} (2 + \cos\frac{\phi}{2} \cos\frac{3\phi}{2}) \tag{4.4}$$

$$\sigma_y = \frac{K_I}{\sqrt{2\pi r}} \cos\frac{\phi}{2} (1 + \sin\frac{\phi}{2} \sin\frac{3\phi}{2}) + \frac{K_{II}}{\sqrt{2\pi r}} \cos\frac{\phi}{2} \sin\frac{\phi}{2} \cos\frac{3\phi}{2}$$

$$\tau_{xy} = \frac{K_I}{\sqrt{2\pi r}} \cos\frac{\phi}{2} \sin\frac{\phi}{2} \sin\frac{3\phi}{2} + \frac{K_{II}}{\sqrt{2\pi r}} \cos\frac{\phi}{2} (1 - \sin\frac{\phi}{2} \sin\frac{3\phi}{2})$$

Der gezeigte Lösungsansatz weist eine charakteristische $1/\sqrt{r}$ -Singularität auf, die den asymptotische Spannungsanstieg des Rißspitzenfeldes in Richtung der Rißspitze beschreibt. Die hierin enthaltenen Faktoren $K_I$ bzw. $K_{II}$ werden nach *Irwin* als 'Spannungsintensitätsfaktor' oder kurz als 'K-Faktor' bezeichnet. Sie besitzen die Dimension Kraft·Länge$^{-3/2}$ bzw. N/mm$^{3/2}$ /82/. Der jeweilige K-Faktor spiegelt als einparametriger skalarer Vergleichswert die Intensität des singulären Spannungsfeldes für den Mode-I und den Mode-II-Fall vor der Rißspitze wieder und hängt nur von der äußeren Zug- und/oder Schubbelastung $\sigma_0$ bzw. $\tau_0$ und der Rißtiefe $a$ ab. Die Spannungsintensitätsfaktoren dienen somit für den jeweiligen Belastungsfall als Vergleichskriterium der Rißspitzenbeanspruchung zur Beurteilung der Gefährlichkeit eines bestehenden Risses im ehemals homogenen Spannungsfeld.

Die K-Faktoren für den einachsigen Zug bzw. ebenen Schub lauten:

$$K_I = \sigma_0 \sqrt{\pi \cdot a} \cdot Y_I \quad , \quad K_{II} = \tau_0 \sqrt{\pi \cdot a} \cdot Y_{II} \qquad (4.5)$$

Die Größen $Y_I$ und $Y_{II}$ stellen hierin dimensionslose Korrekturfaktoren dar, die die Abweichung der vorliegenden Bauteilgeometrie vom idealen Modellfall des Griffith-Risses im ebenen Anwendungsfall wiedergeben.

Kann der Einfluß der Bauteilgeometrie nicht wie bei numerischen Verfahren implizit über die Modellstruktur mit in die Berechnung einfließen, muß der Korrekturfaktor für den jeweiligen Fall analytisch bestimmt werden. Für eine Vielzahl einfacher Probengeometrien und häufig auftretender Kerbprobleme sind diese Faktoren in Handbüchern tabelliert /102/. Bei komplexen Strukturen hingegen wird die Bestimmung einer geschlossenen analytischen Lösung im allgemeinen äußerst aufwendig oder ist vielfach völlig unmöglich. Das Rißverhalten kann in solchen Fällen nicht mehr als Funktion der äußeren Belastung sowie der Bauteilgeometrie beschrieben werden, sondern verlangt nach einer Diagnose der lokalen Rißspitzenbeanspruchung.

Angesichts dieser Problematik kommen zur exakten Lösung bruchmechanischer Problemstellungen in beliebig komplex gestalteten Bauteilen nur numerische Berechnungsverfahren wie FEM oder BEM in Betracht. Die direkte Zugänglichkeit der Rißspitzenbeanspruchung im Bauteilinneren ist deshalb auch - trotz des vermeintlich höheren Modellierungsaufwandes - als der entscheidende Vorteil der FEM- oder BEM-Simulation anzusehen. Sind die Spannungs- und Verschiebungsfelder der Rißspitzenumgebung an diskreten Stützpunkten des Rißnahfeldes bekannt, - die FE-Methode stellt hierfür das geeignete Berechnungswerkzeug dar - können durch Umformung der Gleichungssysteme Gl.(4.4) die aktuellen K-Faktoren bestimmt werden /105/.

## 4.4 Analytische Betrachtung von Oberflächenrissen

Die Stärke des Lösungsansatzes der Gewichtungsfunktionen, exemplarisch in Gl.(4.5) angedeutet, liegt im Gegenzug bei der Analyse von Rißproblemen, die zumeist auf Oberflächenfehler zurückzuführen sind. Oberflächenrisse in der Größenordnung von 10-100 $\mu$m sind für technische Anwendungen mit Blick auf kritische Fehlergrößen bei spröden Werkstoffen von größtem Interesse; sie können aber mit alleiniger Hilfe der FE-Methode nur unter unvertretbar hohem Aufwand bruchmechanisch erschlossen werden. Die Analyse eines Oberflächenfehlers mit einem gemischten Ansatz, d.h. der analytischen Lösung des Rißproblems unter Vorgabe der lokalen, unbeeinflußten **Oberflächenbeanspruchung** $\sigma_\theta$ als Ergebnis der FE-Analyse sowie einer fiktiven **Mikrorißtiefe** $a$, ist hingegen weitaus praktikabler. $\sigma_0$ entspricht hierbei im Idealfall der äußeren Spannungsbelastung $\sigma_\infty$.

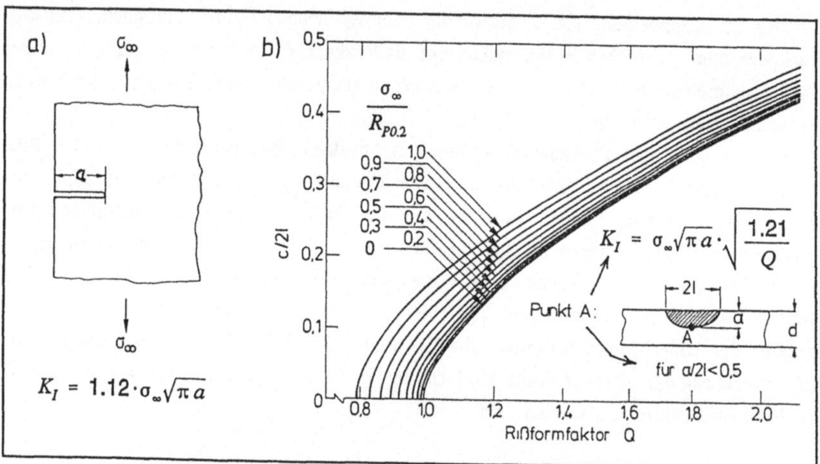



**Bild 4.4:**    a)    halbunendliche Scheibe mit einseitigem Anriß,
    b)    halbelliptische Oberflächenriß der Tiefe a und der Breite 2b in einer dicken Platte

**Bild 4.4** zeigt hierzu zwei bekannte Modellfälle. Zum einen ist in Abbildung 4.4a der **einseitige Anriß** in der halbunendlichen Zugprobe dargestellt. Für diesen Fall ist der K-Faktor durch die relativ einfache Beziehung nach *Wigglesworth* herzuleiten /101/:

$$K_I = 1.12 \cdot \sigma_0 \sqrt{\pi \cdot a} \qquad\qquad (4.6a)$$

Im zweiten Fall (Abbildung 4.4b), dem **halbelliptischen Oberflächenriß** in einer dicken Platte, kann der Spannungsintensitätsfaktor am tiefsten Punkt der Rißfront nach einer Lösung von *Irwin* wie folgt abgeschätzt werden /101/:

$$K_I = \sigma_0 \sqrt{\pi a} \cdot \sqrt{\frac{1.21}{\Phi^2 - 0.212\left(\dfrac{\sigma_0}{R_{P0.2}}\right)^2}} \qquad (4.6b)$$

Hierbei stellt $\Phi$ einen dimensionslosen Integralwert zur Charakterisierung der Rißfläche dar. Für den Sonderfall, daß die Rißtiefe $a$ klein ist im Verhältnis zur Rißbreite $2l$ des Oberflächenrisses, kann dieser Wert jedoch vereinfacht als 1 angenommen werden.

Beide Modellfälle können für eine einfache, ingenieurmäßige Beurteilung von Oberflächenrissen herangezogen werden und dienen in vielen Anwendungsfällen einer ersten Abschätzung der Gewaltbruchneigung /39,79/. Sie liefern in der angegebenen Form auch eine brauchbare Beurteilung von Längsrissen im Inneren eines dickwandigen Druckbehälters, der als analytisches Modell einer rotationssymmetrische Fließpreßmatrize eine brauchbare Näherung darstellt. Die zumeist inhomogene Spannungsverteilung über die Wanddicke wird hierbei vernachlässigt und lediglich die lokal wirkende Oberflächenspannung $\sigma_0$ betrachtet.

Soll hingegen ein an der Innenwand eines dickwandigen Druckbehälters umlaufender **Umfangsriß** unter Berücksichtigung der inhomogenen Spannungsverteilung in der Behälterwand betrachtet werden, gelingt die analytische Rißbeschreibung mit Hilfe des folgenden Ausdrucks /82/:

$$K_I = \sqrt{\pi a} \cdot \left[ \alpha_0 Y_1 \frac{2a}{\pi} \cdot \alpha_1 Y_2 + \frac{a^2}{2} \alpha_2 Y_3 + \frac{4a^3}{3\pi} \alpha_3 Y_4 \right] \qquad (4.7)$$

Die Korrekturfaktoren $Y_1$-$Y_4$ richten sich hierbei nach dem Verhältnis der Rißtiefe zur Dicke der Behälterwand und nehmen Werte zwischen 1 und 2 an. Sie liegen als experimentelle Tabellenwerte vor und müssen für den aktuellen Fall eingesetzt werden, vgl. **Bild 6.11a**. Die unbekannten Koeffizienten $\alpha_0$-$\alpha_3$ demgegenüber beschreiben den Spannungsverlauf $\sigma(r)$ über die Wanddicke $r$ als Polynom dritten Grades der Form $\sigma = \alpha_0 + \alpha_1 r + \alpha_2 r^2 + \alpha_3 r^3$ und lassen sich auf numerischem Wege aus den Ergebnissen einer FE-Rechnung bestimmen.

Die letztgenannte Lösung ist insbesondere dann von Interesse, falls starke Spannungsgradienten an der Oberfläche vorliegen und nicht vernachläßigt werden dürfen. Sie stellt wie die voran vorgestellten Abschätzungen der Rißspitzenbeanspruchung, unter Anwendung der gemischten Lösungsmethode, eine geeignete Modellgrundlage für die bruchmechanische Betrachtung der Ermüdungsrißinitiierung an der Werkzeugoberfläche dar (vgl. Abschnitt 6.1.4 *'Die Randwertmethode zur Grobabschätzung des Bruchverhaltens'*).

# 4.5 Numerische Behandlung von tiefen Bauteilrissen

## 4.5.1 Methode der Finiten Elemente - ein allgemeiner Überblick

Analytische Berechnungsverfahren zur Bestimmung von Spannungsverteilungen im Inneren von Bauteilen eignen sich nur für Körper mit einfacher Geometrie, wie z.B. Rohrquerschnitte oder genormte Bruchproben. Sie werden sehr aufwendig oder versagen praktisch ganz für geometrisch komplizierte Strukturen. Erst numerische Verfahren ermöglichen es, die auftretenden Beanspruchungsverhältnisse im Inneren beliebig gestalteter Bauteile wie auch bei Rißspitzenproblemen unter vorgegebenen Randbedingungen mit großer Genauigkeit zu berechnen.

In diesem Zusammenhang hat die Finite-Elemente-Methode (FEM) in den letzten Jahren eine stürmische Entwicklung erfahren und ist heutzutage in fast allen Ingenieurdisziplinen ein eingeführtes und sehr leistungsfähiges Berechnungsverfahren. Auf eine ausführliche Darstellung der FEM kann daher im Rahmen dieser Arbeit verzichtet werden. Im folgenden sei lediglich ein für das weitere Verständnis notwendiger, knapper Überblick über das Prinzip der 2-dimensionalen, linear-elastischen FE-Analyse gegeben. Darüberhinaus wird auf die bekannte Literatur /128,129/ verwiesen.

Der erste Schritt der FEM-Analyse besteht darin, die Struktur des realen Bauteils in einfache geometrische Körper (Dreiecke, Rechtecke, etc.), die Finiten Elemente, zu unterteilen. Durch Verknüpfung benachbarter Elemente an definierten Knotenpunkten, zumeist ihren Eckpunkten, erhält man das in Form des FEM-Netzes abstrahierte Rechenmodell, auf das die weiteren Berechnungsschritte aufbauen.

Ähnlich der Modellidealisierung eines mehrachsig wirkenden Feder-Masse-Systems, sind die Elemente idealisierte Träger des Material- und Verschiebungsverhalten des diskretisierten Kontinuums. Das Verformungsverhalten der Elemente d.h. die Relativverschiebungen der Randknoten bezüglich jedes beliebigen Punktes im Elementinneren wird durch die variablen Ansatzfunktionen, die sogenannten Formfunktionen der Elemente, definiert. Hierbei werden die physikalischen d.h. globalen Strukturkoordinaten $x,y$ auf innere, isoparametrische Elementkoordinaten $\xi,\eta$ transformiert, um unabhängig von der äußeren Elementverzerrung eine unveränderliche, orthogonale Formulierung der Elementfunktionen zu bewahren. Durch Einbringung des Materialverhaltens (Hooke'sches Gesetz) lassen sich über die Ansatzfunktionen die Elementdehnungen an vorgegebenen Stützpunkten, den sog. Gauß'schen Integrationspunkten, mit den dazugehörigen Elementspannungen verknüpfen (s. Bild 4.5).

Ausgangspunkt der kontinuumsmechanischen Betrachtung der zusammenhängenden Gesamtstruktur ist das Prinzip der virtuellen Arbeiten. Es stellt unter Heranziehung virtueller Knotenpunktsverschiebungen die integrale Formulierung des Gleichgewichts innerer und äußerer Bauteilkräfte dar. Die integrale Formulierung der Gleichgewichtsbeziehung der virtuellen Arbeiten läßt sich durch geeignete Umformung mit Hilfe der Formfunktionen der Elemente in ein lineares Gleichungssystem überführen, das die Knotenpunktverschiebungen, analog der Federsteifigkeit, über die sog. Steifigkeitsmatrix der Struktur mit den zugehörigen Knotenkräften verknüpft. Die durch äußere Belastungen hervorgerufenen Verschiebungen der Elementknoten sind zunächst die gesuchten Unbekannten im globalen Koordinatensystem $x, y$. Unter Berücksichtigung der Strukturrandbedingungen, wie eingeprägter Kräfte, Auflager- bedingungen oder vorgegebener Anfangsverzerrungen, lassen sich über die globale Steifig- keitsmatrix des Systems die gesuchten Spannungs- und Dehnungsgrößen an allen Knoten- punkten des FE-Modells auf dem Bauteilrand wie auch im Bauteilinneren berechnen.

Die Ergebnisgenauigkeit der Modellidealisierung im Vergleich zum Realverhalten der Struktur hängt wesentlich davon ab, wie genau diese in ihrer Geometrie, ihrem Belastungs- zustand und anderen Randbedingungen nachgebildet werden kann. Von besonderer Bedeu- tung ist dabei zum einen die Feinheit des gewählten Netzes: je feiner die sog. Diskretisie- rung, d.h. je kleiner die Elemente, desto besser wird die Annäherung der Ergebnisse an den Realzustand. Gleichzeitig lassen sich kontinuierlichere Übergänge der Ergebniswerte von Element zu Element erreichen und somit große Sprünge der Ergebnisse vermeiden.

Es empfiehlt sich daher, in hochbelasteten, kritischen Bauteilzonen mit großen Span- nungsgradienten eine feine Diskretisierung zu wählen, um beispielsweise Spannungsspitzen erfassen zu können. Allerdings ist hierbei zu berücksichtigen, daß durch derartige Maßnah- men die Rechenzeit sehr stark zunimmt und es deshalb ratsam erscheint, nur wirklich interessante Bereiche äußerst fein zu strukturieren.

Von entscheidendem Einfluß auf die Güte der Ergebnisse ist weiterhin die Art der gewählten Elemente. So unterscheidet man hier zwischen Elementen mit einfachem, d.h. linearem Verschiebungsansatz und solchen mit höherer, beispielsweise quadratischer Form- funktion. Die Elemente höherer Ordnung weisen zumeist neben den üblichen Eckknoten noch Zwischenknoten auf den Elementseiten auf. Mit diesen Elementtypen lassen sich nicht nur genauere Lösungen erzielen, sondern auch Spannungs- und Dehnungsgradienten im Elementinnern erfassen. Dies ist insbesondere mit Hinblick auf die Berechnung des singulä- ren Rißspitzennahfeldes bei der Betrachtung von Rißproblemen von Bedeutung. Die ge- krümmten Elementberandungen ermöglichen ferner, aufgrund der quadratischen Formfunk- tionen, eine weitgehend genaue Nachbildung der exakten Struktur in gekrümmten Über- gangsbereichen. Allerdings gilt auch hier zu beachten, daß mit zunehmender Komplexität wie auch steigender Anzahl der Elemente der Rechenaufwand und mit ihm die Rechenzeit zunimmt.

## 4.5.2 FE-Diskretisierung der Rißspitzenumgebung

Das asymptotische Verhalten der Spannungs-Dehnungsfelder im Rißspitzenbereich stellt hohe Ansprüche an die numerische Modellierung und Berechnung. Lineare Elementansätze können trotz feiner Diskretisierung hier nur unbefriedigende Ergebnisse liefern. Die sehr exakte Lösung, unter Verwendung geeignete Rißspitzenelemente höherer Ordnung die Rißspitzensingularität implizit mit im Elementansatz zu berücksichtigen /83/, kann aber nur durch den Nachteil erkauft werden, ein eigenständiges Element in das FE-Programm implementieren zu müssen. Dies aber ist mit sehr großem Aufwand und know-how verbunden.

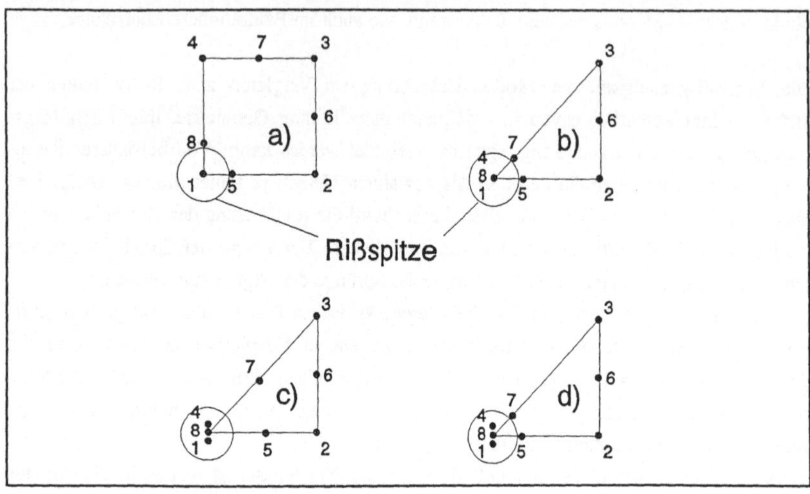


**Bild 4.5:**   Anwendung der 1/4-Punkt-Technik auf isoparametrische 8-Knoten-Elemente, Elementmodifikation und erzielte Singularitätseigenschaft:

a) Verschiebung der Mittenknoten: $1/\sqrt{r}$-Singularität für $\sigma$

b) Kollabierte Elementseite (starre Kopplung): $1/\sqrt{r}$-Singularität für $\sigma$ und $\epsilon$

c) Kollabierte Elementseite (Knoten ungekoppelt): $1/r$-Singularität für $\epsilon$

d) (1/4-Punkt-Knoten, kollabierte Seite, ungekopp.Rißspitzenknoten:

   $1/\sqrt{r}$-Singularität für $\sigma$, $1/r$-Singularität für $\epsilon$

Einen weitaus eleganteren Weg, der für die vorliegenden Untersuchungen eingeschlagen wurde, bietet die Anwendung sogenannter 1/4-Punkt-Elemente auf die unmittelbare Rißspitzenumgebung /130/. Hierunter werden standardmäßige, isoparametrische 8-Knoten-Elemente mit quadratischem Elementansatz verstanden, deren Mittelknoten in der in **Bild 4.5a** gezeigten Weise entlang der Elementseite in Richtung der Rißspitze auf die '1/4-Punkt-

Position' verschoben werden. Aufgrund der isoparametrischen Elementformulierung wird der Verschiebungsansatz des Elements für diese Knotenposition bei der Transformation von physikalischen Koordinaten auf die lokalen Elementkoordinaten gerade mit $1/\sqrt{r}$ singulär. Wird darüberhinaus eine Elementseite zu einem Punkt degeneriert und werden die Freiheitsgrade der drei Seitenknoten zur Bildung des Rißspitzenknotens starr gekoppelt, läßt sich zusätzlich eine $1/\sqrt{r}$-Singularität der Dehnungen im Inneren des kollabierten Elements überlagern, **Bild 4.5b**.

Wird die Elementseite ohne starre Koppelung der betreffenden Seitenknoten degeneriert, d.h. die Knoten können sich unabhängig voneinander bewegen, läßt sich anstelle der $1/\sqrt{r}$-Singularität der Dehnungen eine für die elastisch-plastische Verformung des Rißspitzenbereichs weitaus günstigere $1/r$-Dehnungssingularität erzielen, **Bild 4.5c** /131/. Die freie Beweglichkeit der Knoten kann ferner zur vereinfachten Modellierung der Rißspitzenabstumpfung genutzt werden.

Die eigentliche Diskretisierung der Rißspitze im FE-Modell schließlich erfolgt mittels fächerförmige Anordnung der kollabierten 1/4-Punkt-Elemente des Typs d) um die Rißspitze, **Bild 4.5d**. Zur vollständigen Modellierung des umgebenden Rißspitzennahfeldes wird die Rißspitze mit weiteren Ringen regulärer 8-Knoten-Elemente umgeben und durch diesen Übergang in das umliegende FE-Netz eingebettet. Eine Anordnung mit ca.3-4 Elementringen liefert bereits sehr gute Ergebnisse des singulären Spannungs-Dehnungsanstiegs im Vergleich zur ideal analytischen Lösung. Die Ergebnisse der unmittelbar an die Rißspitze angrenzenden Elemente sind jedoch mit größeren numerischen Ungenauigkeiten behaftet und sollten zur weiteren Analyse nicht herangezogen werden. Zur Steigerung der Berechnungsgenauigkeit empfiehlt es sich hierbei, die Elementringe in Richtung der Rißspitze zusätzlich zu fokussieren /132/.

Während aus der Literatur bekannte Arbeiten unterschiedliche Ansichten über den Einfluß der Elementanordnung wie auch des Verdichtungsfaktors bei der Elementfokussierung auf die Ergebnisgenauigkeit äußern /132-134/, konnten eigene Untersuchungen zur Überprüfung verschieden gearteter Rißspitzenstrukturen diesen Befund nicht teilen, vgl. Bild 4.11 und 4.12. Sie haben indes bestätigt, daß für ein großes Variationsspektrum möglicher Elementanordnungen und Elementtypen die Abweichung der Ergebnisse nicht mehr als 2-3% vom Idealfall beträgt.

Diese Überprüfung läßt somit den Schluß zu, daß mit der 1/4-Punkt-Methode für die numerische Rißspitzenanalyse eine sehr robuste und einfach zu erzeugende Rißspitzenstruktur zur Verfügung steht,

- deren Netzgenerierung zumeist durch Preprozessoren kommerzieller FE-Programmpakete unterstützt wird,
- die selbst bei Verwendung von Standardelementen ausgezeichnete Ergebnisse liefert
- und gleichfalls auf dreidimensionale Kontinuumselemente anwendbar ist /130/.

## 4.5.3 Numerische Methoden der K-Faktor Bestimmung

Die FE-Ergebnisse der Rißspitzenanalyse bilden die Grundlage für eine weiterführende bruchmechanische Bestimmung der lokal herrschenden Spannungsintensität. Je nach Art der zur Ausgewertung herangezogenen Rißspitzenbeanspruchung lassen sich die Methoden der K-Faktor Bestimmung im wesentlichen in drei Gruppen einteilen:

- die **Spannungsmethode** (unter Verwendung der Spannungsfelder vor der Rißfront)
- die **Verschiebungsmethoden** (unter Verwendung der Rißuferverschiebung am Riß)
- die **Energiedichtemethoden** (unter Verwendung der Energiedichteverteilung im Rißnahfeld)

Für die vorliegende Arbeit wurden hierzu vier Verfahren aufgegriffen und in separaten Unterroutinen programmtechnisch in einen Postprozessor für die FE-Analyse implementiert. Die nun folgenden Ausführungen sollen die hierzu eingesetzten numerischen Verfahren kurz erläutern und als Grundlage der weiteren Untersuchungen die damit erzielbaren Genauigkeiten miteinander vergleichen.

### 4.5.3.1 Die Spannungsmethode

Die **Spannungsverteilung** der Rißspitzenumgebung bei überlagerter Mode-I/II-Beanspruchung läßt sich mathematisch unter Verwendung von Polarkoordinaten durch die Gleichungen (4.4) ausdrücken. Somit ist es auf umgekehrtem Wege auch möglich, nach Umformung der Spannungsfeldgleichungen, die unbekannten K-Faktoren aus einem bekannten Spannungsfeld vor der Rißspitze abzuleiten /105/. Zur Lösung der Gleichungen müssen die Spannungskomponenten für fest definierte Punkte $r_i, \varphi_i$ des Rißspitzenfeldes vorliegen.

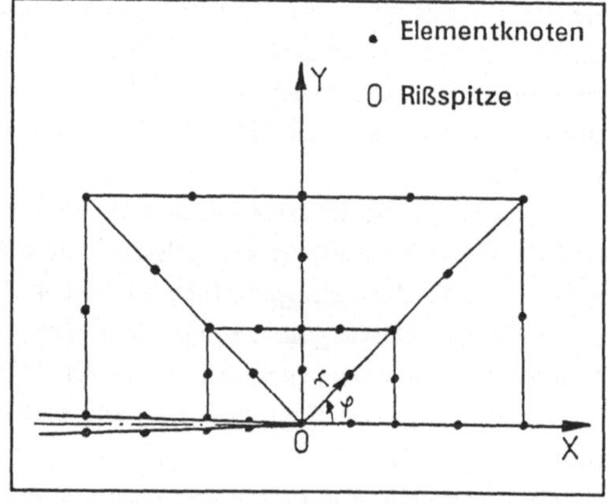


**Bild 4.6:** Prinzipdarstellung der Knotenanordnung um die Rißspitze für die numerische Auswertung der FE-Ergebnisse

Hierzu bieten sich bei Verwendung der FE-Methode die Knotenergebnisse der Rißspitzenstruktur an, **Bild 4.6.**

Die Umformung der Gleichungen in bezug auf die bruchrelevanten Spannungskomponenten $\sigma_y$ (Mode-I) und $\tau_{xy}$ (Mode-II) gelingt unter der Einschränkung, daß nur die Spannungsverteilungen in Richtung der Rißausbreitung vor der Rißspitze und somit auch nur die betreffenden Knotenergebnisse zur Analyse herangezogen werden. Durch diese Vereinfachung wird die Winkelkoordinate $\varphi$ des betrachteten Ligaments zu Null und es verschwinden damit auch die trigonometrischen Terme in den Gleichungen (4.4). Über diese vereinfachte Formulierung lassen sich dann die K-Faktoren unmittelbar aus den jeweiligen Ergebnissen der Ligamentknoten mit dem Abstand $r_i$ zur Rißspitze ableiten. Hierbei können die senkrecht bzw. parallel zum Ligament wirkende Axialspannungs- oder Schubspannungskomponente ohne Transformation auf das Polarkoordinatensystem direkt in die Berechnung übernommen werden:

$$K_I^* = \sigma_y \cdot \sqrt{2\pi r_i} \quad , \quad K_{II}^* = \tau_{xy} \cdot \sqrt{2\pi r_i} \tag{4.8}$$

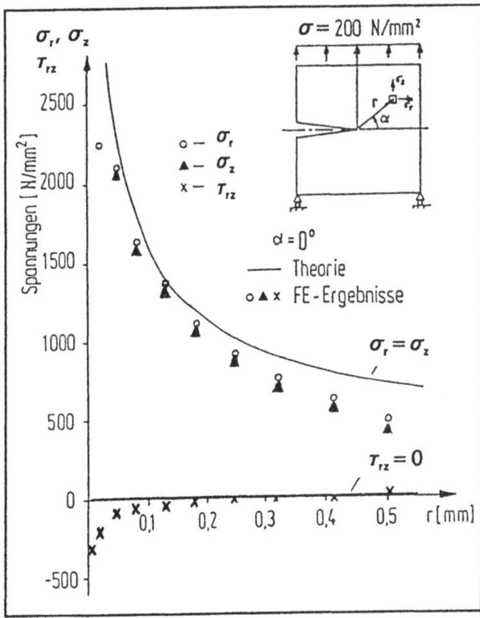


Da die Rißnahfeldgleichungen Gl.(4.4) nur eine Näherungslösung des tatsächlichen Spannungsfeldes unter Vernachlässigung der Terme höherer Ordnung darstellen, wird die Abweichung der Spannungsergebnisse von der theoretischen Lösung mit zunehmendem Abstand $r$ der Knoten zur Rißspitze größer; in **Bild 4.7** ist hierzu der Vergleich der numerischen und der analytischen Lösung nach *Tada* /102/ für ein einfaches, ebenes Rißproblems dargestellt. Im Bereich von 0,05 bis 0,2 mm vor der Rißspitze ist jedoch eine gute Übereinstimmung festzustellen. Infolge der gezeigten Abweichung divergiert auch der lokal berechnete K-Faktor $K^*_{I,II}$ stetig vom theoretischen Wert des gesamten Rißspitzenfeldes. Der tatsächliche K-Faktor muß deshalb durch Grenzwertbildung aus den

**Bild 4.7:** Vergleich der numerisch und analytisch nach Tada /102/ ermittelten Spannungsverteilung vor der Rißspitze für Mode-I-Beanspruchung ($\varphi = 0°$, $K_I = 1250$ N/mm$^{3/2}$)

ermittelten Einzelfaktoren in Richtung der Rißspitze extrapoliert werden:

$$K_I = \lim_{r \to 0} K_I^* \quad bzw. \quad K_I = \lim_{r \to 0} \sigma_y \cdot \sqrt{2\pi r} \qquad (4.9a)$$

$$K_{II} = \lim_{r \to 0} K_{II}^* \quad bzw. \quad K_{II} = \lim_{r \to 0} \tau_{xy} \cdot \sqrt{2\pi r} \qquad (4.9b)$$

In **Bild 4.8** ist das entsprechende Resultat der K-Faktor-Extrapolation als Ergebnis der Spannungsmethode zu sehen; im Vergleich dazu ist das Ergebnis der alternativen Verschiebungsmethode abgebildet. Bei Anwendung beider Verfahren empfiehlt es sich bei der Grenzwertbildung auf die Ergebnisse der unmittelbaren Rißspitzenelemente zu verzichten, da hier FE-bedingt große Ungenauigkeiten der Spannungs-Dehnungswerte auftreten können.

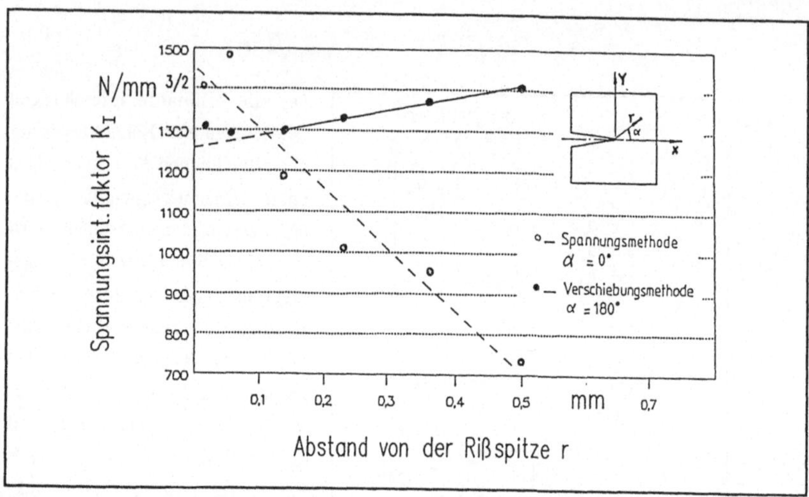


**Bild 4.8:**  Ermittlung des K-Faktors durch Extrapolation mittels der Spannungs- und Verschiebungsmethode

### 4.5.3.2 Die Verschiebungsmethode

Die Verschiebungsmethode ist das zweite Verfahren, das sich alternativ zur K-Faktor-Bestimmung aus den Rißnahfeldergebnissen anbietet /84,133/. Sie baut sinngemäß auf dem **Verschiebungsfeld** Gl.(4.3) der Rißspitzenumgebung auf. Bei Anwendung dieses Verfahrens sind im Vergleich zur Spannungsmethode bessere Ergebnisse zu erwarten, da durch die FE-Analyse Verschiebungen exakter bestimmt werden können als daraus abgeleitete Spannungsgrößen. Durch **Bild 4.8** wird dies bereits angedeutet.

In analoger Weise zur Spannungsmethode ist es angeraten die Wertemenge der Ergebnisknoten auf dasjenige Ligament im Rißspitzenfeld zu beschränken, für das die Winkelabhängigkeit der Feldgleichungen eliminiert werden kann. Dieser Fall tritt gerade unter dem Winkel $\varphi=180°$ ein, was exakt dem Ligament der zur Rißspitze zulaufenden Rißufer entspricht. Für die Extrapolation der K-Faktoren können deshalb die Verschiebungsergebnisse der spiegelsymmetrischen Rißuferknotenpaare herangezogen werden, s. **Bild 4.6**.

Nach Eliminierung der Starrkörperverschiebung erhält man die Bezugsgrößen $u,v$ für die K-Faktor Berechnung als Differenzwerte der paarweisen Knotenergebnisse. Hierbei dient die durch Zugbelastung verursachte Rißöffnung $v$ zur Bestimmung des $K_I$-Faktors und die auf Schubbeanspruchung zurückzuführende Rißuferverschiebung $u$ zur Bestimmung des $K_{II}$-Faktors. Die Grenzwertbildung zur Extrapolation des Rißspitzenwertes ist in Analogie zu Gleichung (4.9a,b) durch die folgenden Beziehungen gegeben:

$$K_I = \lim_{r\to 0} \frac{E}{4(1-v^2)} \cdot \sqrt{\frac{2\pi}{r}} \cdot v \quad , \quad K_{II} = \lim_{r\to 0} \frac{E}{4(1-v^2)} \cdot \sqrt{\frac{2\pi}{r}} \cdot u \qquad (4.10)$$

Das Ergebnis der K-Faktor-Extrapolation für den Mode-I-Fall ist in **Bild 4.8** dargestellt.

### 4.5.3.3 Die Standard Displacement Correlation Methode

Die Standard Displacement Correlation Methode - oder kurz das COD-Verfahren - ist eine Variante der oben beschriebenen Verschiebungsmethode, die auf dem analytischen Ansatz der **Rißspitzenöffnung und Rißuferverschiebung** aufbaut /84,134/.

Betrachtet man eine Rißspitze, deren Rißufer von zwei 1/4-Punkt Rißspitzenelementen gebildet werden, **Bild 4.9**, so lassen sich aus der singulären Formfunktion der Elementformulierung die Rißuferverschiebungen $u,v$ wie folgt darstellen: $\qquad\qquad (4.11)$

$$u_1 = u_A + (-3u_A + 4u_B - u_C) \cdot \sqrt{r/L} + (2u_A - 4u_B + 2u_C) \cdot r/L$$

$$v_1 = v_A + (-3v_A + 4v_B - v_C) \cdot \sqrt{r/L} + (2v_A - 4v_B + 2v_C) \cdot r/L$$

$$u_2 = u_A + (-3u_A + 4u_D - u_E) \cdot \sqrt{r/L} + (2u_A - 4u_D + 2u_E) \cdot r/L$$

$$v_2 = v_A + (-3v_A + 4v_D - v_E) \cdot \sqrt{r/L} + (2v_A - 4v_D + 2v_E) \cdot r/L$$

Darin steht der Index 1 für das untere, der Index 2 für das obere Rißufer.

Aus den Gleichungen (4.11) lassen sich für Mixed-Mode-Beanspruchung die sog. Rißöffnungsgrößen COD (Crack Opening Displacement) bzw. CSD (Crack Sliding Displacement) folgendermaßen definieren:

$$COD = v_1 - v_2 \quad , \quad CSD = u_1 - u_2 \tag{4.12}$$

Mittels der Feldgleichungen für die Verschiebung Gl.(4.3) können die theoretischen Werte für COD und CSD im EFZ abgeleitet werden:

$$COD_t = K_I \cdot \left( \frac{4(1-\nu)\sqrt{r}}{2G\sqrt{2\pi}} \right) \quad , \quad CSD_t = K_{II} \cdot \left( \frac{4(1-\nu)\sqrt{r}}{2G\sqrt{2\pi}} \right) \tag{4.13}$$

Unter Anwendung von Gl.(4.11) bis (4.13) lassen sich nun die K-Faktoren als Grundlage der numerischen Auswertung wie folgt bestimmen: (4.14)

$$K_I = \sqrt{\frac{2\pi}{L}} \cdot \left( \frac{2G}{4(1-\nu)} \cdot [4(v_B - v_C) - (v_C - v_E)] \right) \quad , \quad K_{II} = \sqrt{\frac{2\pi}{L}} \cdot \left( \frac{2G}{4(1-\nu)} \cdot [4(u_B - u_D) - (u_C - u_E)] \right)$$

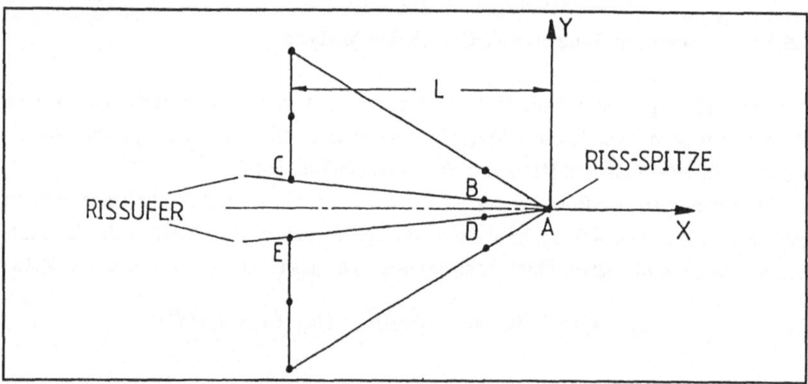


**Bild 4.9:** Prinzipdarstellung zweier 1/4-Knoten singulärer Rißspitzenelemente zur Bildung des oberen und unteren Rißufers

### 4.5.3.4 Die Energiedichtemethode - das J-Integral

Ein neues Verfahren zur Beschreibung der Rißspitzenbeanspruchung wurde durch die Einführung des **J-Integrals** in die Bruchmechanik bereitgestellt. Es ist nach *Rice* /108/ als Linienintegral über die Formänderungsenergiedichte *W* und die Arbeit der äußeren Kräfte *Tdu* für zweidimensionale **Spannungs-Dehnungsfelder** wie folgt definiert, vgl. **Bild 4.10:**

$$J = \oint_{\Gamma} \left( W dy - \mathbf{T}_i \frac{\delta u_i}{\delta x} ds \right) \tag{4.15}$$

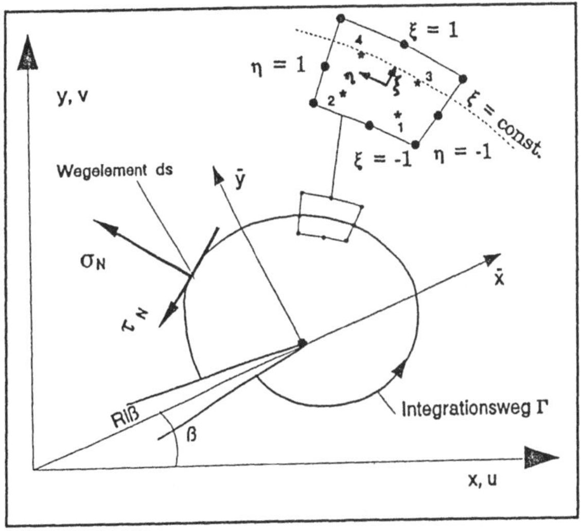


$W$ = elast.-plast. Formänderungsenergiedichte

$x$ = Richtung des Risses

$y$ = Richtung senkrecht zum Riß

$\Gamma$ = geschl. Integrationsweg um die Rißspitze

$ds$ = infinitisimales Linienelement des Weges $\Gamma$ mit $ds = \sqrt{dx^2 + dy^2}$

$T_i$ = auf das Wegelement ds wirkender Spannungsvektor $\sigma_{ij} n_j$

$u_i$ = Verschiebungsvektor in einem Punkt des Weges $\Gamma$

**Bild 4.10:**    Zur Definition des J-Integrals

Der Wert des Integrals ist unabhängig von der Lage des Integrationsweges und liefert die Änderung der zur Rißbildung benötigten Energie bezogen auf den Rißfortschritt. Physikalisch kann man sich unter *J* auch den Energiefluß in den Rißspitzenbereich, der von dem Kurvenzug $\Gamma$ umschlossen wird, vorstellen. Im Falle ausgedehnter Plastifizierung besteht jedoch die Einschränkung, daß eine eindeutige Beziehung zwischen dem Spannungs- und dem Dehnungstensor erhalten bleiben muß und aus diesem Grunde keine Entlastungsvorgänge infolge abnehmender äußerer Beanspruchung oder des Rißfortschrittes betrachtet werden dürfen /83/.

Da beim Fortschreiten des Risses um das Inkrement $\delta a$ dem System die Energie $\delta U = J \cdot D \cdot \delta a$ ($D$ = Probendicke) entzogen wird, entspricht $J$ im linear-elastischen Fall der **Energiefreisetzungsrate** $G$, vgl. Abschnitt 4.6.1. Für den ESZ bzw. den EFZ kann daher folgender Zusammenhang zum Spannungsintesitätsfaktor abgeleitet werden:

$$J_I = \frac{K_I^2}{E} \;\; (= G_I) \quad bzw. \quad J_I = \frac{(1-v^2)}{E} \cdot K_I^2 \;\; (= G_I) \tag{4.16}$$

Für die numerische Auswertung läßt sich das J-Integral gemäß Gl.(4.15) aus dem ermittelten Spannungs-Verzerrungsfeld auf verschiedenen Integrationspfaden um die Rißspitze berechnen /84/. Der Betrag des J-Integrals ergibt sich dann aus der Summe der Energiebeiträge der einzelnen Elemente, die auf dem betreffenden Integrationspfad durchlaufen werden. Zur Berücksichtigung elastisch-plastischer Verzerrungsanteile ist hierbei eine Unterteilung der Verzerrungsenergiedichte $W$ in eine elastische und eine plastische Komponente der Form $W = W^e + W^p$ notwendig:

$$W^e = \frac{1}{2} \cdot \sigma_{ij} \cdot \epsilon_{ij}^e \;\; , \quad W^p = \int_0^{\epsilon_v^p} \sigma_v \, d\epsilon_v^p \tag{4.17}$$

Die Größen $\sigma_{ij}$ und $\epsilon_{ij}^e$ stehen hierin für die Komponenten des Spannungs- bzw. elastischen Dehnungstensors und $\sigma_v$ und $\epsilon_v^p$ für die Vergleichsspannung bzw. die plastische Vergleichsdehnung.

Der Beitrag des einzelnen Elements zum J-Integral für den elastischen Fall lautet nach Transformation der Weggrößen auf die lokale Wegkoordinate $\eta$ mit ($\xi$=const.): **(4.18)**

$$J = \oint_{-1}^{+1} \left\{ \frac{1}{2}\left[\sigma_{xx}\epsilon_{xx}^e + 2\sigma_{xy}\epsilon_{xy}^e + \sigma_{yy}\epsilon_{yy}^e\right]\frac{\partial y}{\partial \eta} - \left[(\sigma_{xx}n_1 + \sigma_{xy}n_2)\frac{\partial u}{\partial x} \cdot (\sigma_{xy}n_1 + \sigma_{yy}n_2)\frac{\partial v}{\partial x}\right]\sqrt{(\frac{\partial x}{\partial \eta})^2 + (\frac{\partial y}{\partial \eta})^2} \right\}\partial \eta$$

Die Spannungs-Dehnungskomponenten zur Berechnung der Verzerrungsenergiedichteanteile können direkt aus den FEM-Ergebnissen der Gauß-Integrationspunkte entlang des Pfades mit $\xi$=const. berechnet werden. Eine entsprechende Formulierung liegt für den Fall $\eta$=const. vor, d.h. bei einer um 90° gedrehten Elementorientierung. Die Lösung der Integralgleichung Gl.(4.18) wird numerisch durchgeführt.

Der Vorteil der vorgestellten Auswertung ist die Berechnung streng nach der ursprünglichen J-Integral-Formulierung nach *Rice*. Der Nachteil der im Vergleich zu der von *Parks* /135/ vorgeschlagenen Methode der virtuellen Rißverlängerung und mit Blick auf die automatische Netzgenerierung der Rißspitzenstruktur dabei in Kauf genommen werden muß, ist der Zwang, die Orientierung der Elemente im Integrationspfad derart zu wählen, daß sich die lokale Koordinate $\xi$ nicht ändert. Um dieses Problem bei beliebig gestalteten Rißspitzenstrukturen auch bei der vorgestellten Methode umgehen zu können, wurde in die entwickelte Programmroutine ein Sortieralgorithmus eingebaut, der vorab den Integrationspfad analysiert und die Integrationsvorschrift der Elemente entsprechend ihrer Orientierung anpaßt.

Ein weiterer allgemeiner Vorteil des J-Integrals liegt in der zulässigen Erweiterung auf nichtlineares Stoffverhalten sowie der Wegunabhängigkeit des Integrationspfades auch bei ausgedehnter Rißspitzenplastifizierung. Die Wegunabhängigkeit erlaubt aber auch Integrationswege, die außerhalb der eigentlichen plastischen Zone vor der Rißspitze verlaufen /110/. Für numerische Berechnungen hat dies den Vorteil, daß bereits mit verhältnismäßig groben Berechnungsansätzen, die eine unmittelbare Betrachtung der Rißspitze nicht zulassen, die Rißspitzenbeanspruchung aus dem Verhalten des Rißnahfeldes ermittelt werden kann /111/. Darüberhinaus ist eine Erweiterung auf dreidimensionale Rißprobleme möglich /83/. Zur vertiefenden Betrachtung des J-Integral-Kriteriums soll jedoch weiterführend an dieser Stelle auf die einschlägige Fachliteratur verwiesen werden /82,84,114/.

Liegt eine allgemeine überlagerte Beanspruchung vor, vgl. Gl.(4.2), ergibt sich $J$ im ESZ bzw. EFZ zu:

$$J = \frac{1}{E}\cdot(K_I^2 + K_{II}^2) + \frac{(1+v)}{E}\cdot K_{III}^2\,, \qquad J = \frac{(1-v^2)}{E}\cdot(K_I^2 + K_{II}^2) + \frac{(1+v)}{E}\cdot K_{III}^2 \quad (4.19)$$

Der Ausdruck für das J-Integral entspricht hierbei wieder der totalen Energiefreisetzungsrate $G$ des Beanspruchungszustandes.

Aus diesen Formulierungen ist bereits ersichtlich, daß die Energiedichtebeschreibung vor der Rißspitze in Form des J-Integrals für den quasi-elastischen Fall auf eine Superposition der entsprechenden Spannungsintensitätsfaktoren zurückführbar ist. Für den Fall einer Mixed-Mode-Beanspruchung ist es deshalb auf dem umgekehrten Wege möglich, durch Aufspaltung der Gesamtbeanspruchung in die einzelnen lastbezogenen Spannungs-Dehnungsanteile und nachfolgender Berechnung der anteiligen J-Integralbeträge $J_I^{\ast}$, $J_{II}^{\ast}$, $J_{III}^{\ast}$ die dazugehörigen K-Faktoren zu bestimmen. Diese von *Ishikawa* /112/ vorgeschlagene **Separationsmethode** bietet eine alternative Methode der K-Faktor-Bestimmung im Mixed-Mode-Fall. Sie findet heute vielfach Anwendung bei der numerischen Auswertung des Rißspitzennahfeldes mit Hilfe des J-Integrals /113/ und wurde aus diesem Grunde auch als Basis für die K-Faktor-Ermittlung im Rahmen dieser Arbeit herangezogen.

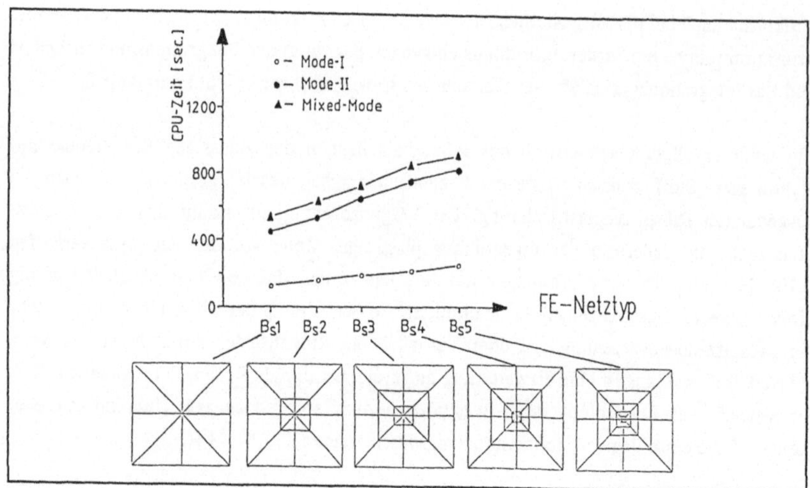

**Bild 4.11:** Vergleich der benötigten Rechenzeit für 5 unterschiedlich fein diskretisierte Rißspitzenstrukturen

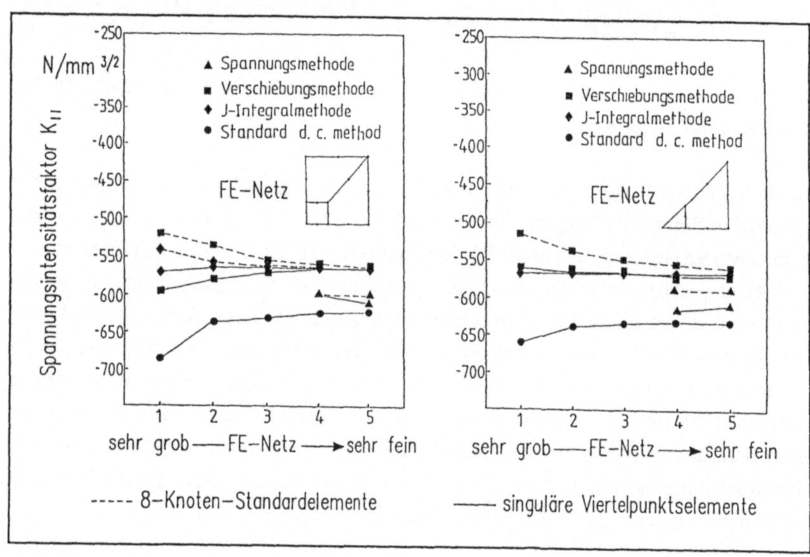

**Bild 4.12:** Berechnung der Spannungsintensität $K_{II}$ mit zunehmender Netzverfeinerung für Mode-II-Beanspruchung

### 4.5.3.5 Vergleich der Verfahren zur numerischen Rißspitzenanalyse

Bei der kombinierten Anwendung von FEM und Bruchmechanik zur numerischen Bestimmung der K-Faktoren aus einer vorgegebenen FE-Rißspitzenstruktur ist als Kriterium der Leistungsfähigkeit neben der Genauigkeit der gewählten Methode der Netzgenerierungsaufwand und die Berechnungszeit von Interesse. **Bild 4.11** zeigt dazu den Anstieg der Berechnungszeit von unterschiedlich fein diskretisierten Rißspitzenstrukturen für verschiedene Beanspruchungsmodi. Diese Darstellung soll im wesentlichen darauf hinweisen, daß eine möglicherweise übertrieben feine Rißspitzen- und Bauteilvernetzung die Berechnungszeit unnötig in die Höhe treiben kann. Wie demgegenüber aus **Bild 4.12** zu entnehmen ist, kann jedoch bereits eine Verfeinerung von ca.3-4 Elementlagen um die Rißspitze keine wesentliche Steigerung der Ergebnisgenauigkeit mehr erbringen. Die relative Gesamtgröße der Rißspitzenstruktur orientiert sich hierbei an den Anforderungen des umgebenden FE-Netzes.

Die Abbildung zeigt darüberhinaus einen Genauigkeitsvergleich der alternativen K-Faktor-Methoden. Dargestellt sind die Ergebnisse der $K_{II}$-Berechnung für unterschiedliche Rißspitzenstrukturen mit zunehmender Anzahl an umgebenden Elementringe, vgl. **Bild 4.11**. Als Rißspitzenelemente kamen dabei reguläre wie auch singuläre 8-Knoten-Elementen in quadratischer Form und kollabierter Dreiecksform zur Anwendung.

Der Vergleich zeigt, daß das J-Integral durchwegs die besten K-Faktor-Werte liefert. Selbst bei sehr groben und ungünstigen Rißspitzenkonfigurationen läßt sich damit noch eine zufriedenstellende Genauigkeit erzielen. Vergleichbar gute Werte sind bei feinerer Diskretisierung nur noch von der Verschiebungsmethode zu erwarten; die Spannungsmethode ist bei zu groben Strukturen mit weniger als 4 Ringen überhaupt nicht mehr in der Lage sinnvolle Werte zu liefern, vgl. **Bild 4.8**.

Die Standard DC Methode liegt bei der vorliegenden Analyse für den negativen $K_{II}$-Faktor überraschenderweise generell zu hoch. Dies ist unter Umständen darauf zurückzuführen, daß für das COD-Verfahren zum einen nur die Ergebnisse der fehlerbehafteten Rißspitzenelemente herangezogen werden und daß zum anderen die Freiheitsgrade der Rißspitzenknoten starr gekoppelt waren und dadurch keine Rißspitzenverformung zuließen.

Aufgrund der gezeigten Untersuchungsergebnisse in bezug auf Berechnungsgenauigkeit und Strukturverträglichkeit sowie der Erweiterbarkeit auf elastisch-plastisches Materialverhalten wurde der J-Integral-Methode trotz des wesentlich größeren Programmieraufwands zur weiteren K-Faktor-Bestimmung im Rahmen dieser Arbeit der Vorzug gegeben. Sie wurde programmtechnisch für ebene und rotationssymmetrische Anwendungsfälle mittels der Unterroutine JINT in das FE-Postprozessorprogramm implementiert. Für die weiteren Untersuchungen kamen darüberhinaus als 'optimale' FE-Rißspitze nur Strukturen mit kollabierten singulären 1/4-Knoten-Elementen zum Einsatz; das Nahfeld wurde mit 3-4 Elementringen regulärer 8-Knotenelemente modelliert und das Auswerteprogramm darauf abgestimmt.

## 4.6 Bruchmechanischer Versagenskriterien für statische Belastung

In den vorangegangenen Abschnitten wurden die Möglichkeiten der theoretischen Rißspitzenbeschreibung und numerischen Auswertung aufgezeigt. Es müssen nun geeignete Versagenskriterien gefunden werden, die die Interpretation der ermittelten Beanspruchungsparameter in Verbindung mit einer lokalen Werkstoffschädigung vor der Rißspitze erlauben.

### 4.6.1 Energetische Betrachtungen zum Rißwachstum

Reale Werkstoffe bauen die hohen örtlichen Spannungskonzentrationen vor der Rißfront durch lokale elastisch-plastische Verformung ab. Übersteigt die Spannungsbelastung an der Rißspitze jedoch gewisse kritische, materialspezifische Werte, reißen die atomaren Bindungen auf, der Riß wächst.

Ob sich ein Riß dabei stabil oder instabil ausbreitet, hängt von den jeweiligen Beträgen der zur Rißausbreitung notwendigen Arbeit und der freiwerdenden elastischen Energie ab. Zur Verlängerung eines Risses um die Länge $a$ muß Arbeit aufgewendet werden, um die mehr oder wenig ausgedehnte plastische Zone vor der Rißfront durch den Werkstoff zu treiben und die atomaren Bindungen aufzubrechen. Außerdem wird für die Bildung der entstehenden Rißflanken Oberflächenenergie verbraucht, die aber vergleichsweise gering ist. Diese energiedissipativen Vorgänge während der Rißausbreitung werden als **Rißwiderstandskraft** $R$ je Flächeneinheit aufgefaßt.

Durch den Riß wird der betreffende Bereich entlastet, d.h. es wird die elastische Formänderungsenergie je Flächeneinheit $\delta U/\delta a$ freigesetzt. Aufbauend auf einem ersten Versagenskriterium für ideal-spröde Werkstoffe von *Griffith*, wurde die freiwerdende Energie von *Orowan* und später von *Irwin* als **Rißöffnungskraft** oder **Energiefreisetzungsrate** $G$ aufgefaßt, die zur Deckung der energiedissipativen Vorgänge vor der Rißspitze zur Verfügung steht /82/.

Verläuft die Rißausbreitung unter ständigem Energieverzehr, das bedeutet $dR/da > dG/da$, wächst der Riß stabil; wird die freigesetzte Energie größergleich der verbrauchten, d.h. $dR/da \leq dG/da$, breitet sich der Riß instabil aus.

Wesentlich für die Art der Rißausbreitung sind neben dem Belastungsfall (statisch, schwingend, thermisch) die Werkstoffeigenschaften. Instabile Rißausbreitung (Sprödbruch) ist vornehmlich bei spröden Werkstoffen mit sehr geringer Plastifizierung und entsprechend geringem Rißwiderstand $R$ zu beobachten. Duktile Werkstoffe weisen große plastische Verformung mit hohem Energieverzehr auf (hohe Rißwiderstandskraft $R$) und neigen daher bevorzugt zu stabilem Rißwachstum (Zähbruch).

### 4.6.2 Das K-Faktor-Konzept der Linear-Elastischen Bruchmechanik (LEBM)

Die wesentliche Erkenntnis der LEBM besteht darin, daß für das Verhalten eines Risses nur die Gegebenheiten in unmittelbarer Umgebung der Rißspitze verantwortlich sind, also nicht unmittelbar die Bauteilgeometrie und die äußere Belastung. Das Rißwachstum wird demnach nur durch die lokale Energiefreisetzungsrate oder Rißöffnungkraft $G$ bestimmt. Ihr steht der tatsächliche Rißwiderstand des Materials vor der Rißspitze gegenüber. Überschreitet die wirkende Rißöffnungskraft einen kritischen Rißwiderstand des Materials, den es experimentell zu ermitteln gilt, wächst der Riß instabil und führt zum Gewaltbruch. Später konnte *Irwin* /106/ ausgehend von Gl.(4.1) zeigen, daß sich bei linear-elastischem Werkstoffverhalten, d.h. wenn die plastische Zone vor der Rißspitze sehr klein ist im Vergleich zur Rißlänge - dem sog. Kleinbereichsfließen -, die singuläre Spannungsverteilung vor der Rißspitze mit Hilfe eines Spannungsintensitätsfaktors $K$ beschreiben läßt. Ferner ließ sich zeigen, daß der Spannungsintensitätsfaktor $K$ proportional zur Energiefreisetzungsrate $G$ ist ($K \sim G$), vgl. Gl.(4.16). Übersteigt die vorliegende Spannungsintensität einen materialspezifischen Grenzwert $K_c$, so wächst der Riß instabil. Das Versagenskriterium für quasi-spröde Werkstoffe nach *Irwin*, das sog. K-Faktor-Konzept, nimmt somit die Form an:

$$K \geq K_c \qquad (\text{bzw. } G \geq G_c) \qquad (4.20)$$

In den meisten Fällen wird hierbei von der Belastungsart I, d.h. Rißöffnung durch Zugbeanspruchung, ausgegangen. Als kritischer Spannungsintensitätsfaktor unter Mode-I-Beanspruchung ist der Bruchzähigkeitswert $K_{Ic}$ des EFZ eingeführt /82/. Er verhält sich umgekehrt zur Härte des Werkstoffs, d.h. je härter und spröder ein Material, desto geringer ist sein $K_{Ic}$-Wert. Die Verbindung zur Energiefreisetzungsrate $G$ ist durch den folgenden Zusammenhang für den ESZ bzw. den EFZ gegeben:

$$G_I = \frac{K_I^2}{E} \quad bzw. \quad G_I = \frac{(1-v^2)}{E} \cdot K_I^2 \qquad (4.21)$$

In der gleichen Weise läßt sich das Konzept der Spannungsintensität aber auch auf die Belastungsarten II und III anwenden.

Das vorgestellte Bruchkriterium hat in der ingenieurmäßigen Praxis bereits große Bedeutung erlangt und stellt mit Gl.(4.5) die Grundlage für die analytische oder numerische Versagensabschätzungen und Überprüfung der Betriebssicherheit von Konstruktionsteilen dar /79,107/.

### 4.6.3 Stabilität von Rissen unter Mixed-Mode-Beanspruchung

Im Gegensatz zur Beanspruchungsart I stehen für das Bruchverhalten von Rissen unter Mixed-Mode- und Mode-II-Beanspruchung noch keine ausgereiften Versagenskonzepte über das Eintreten von instabiler Rißausbreitung zur Verfügung. Ferner gibt es für diese Beanspruchungen über das unterkritische, stabile Rißwachstum (Ermüdungsrisse) noch kaum gesicherte Erkenntnisse, obwohl gerade der Mixed-Mode-Problematik in der Praxis oft eine bedeutendere Rolle zukommt, als bisher angenommen /103,104/. Dies trifft im besonderen Maße auch auf die überlagerte Beanspruchung aus Zug und Schub im Werkzeugquerschnitt von Umformwerkzeugen zu, vgl. hierzu Kap.2.3 *'Werkzeugbelastung und Beanspruchungs- arten'*. Bei Umformwerkzeugen ist deshalb mit **Mixed-Mode-Rißausbreitung** zu rechnen, was aber von bisherigen bruchmechanischen Werkzeuganalysen noch nicht berücksichtigt wurde /20,39/.

In einer von *Richard* vorgelegten Arbeit /103/ wurde ein praxisnahes Bruchkriterium zur Beurteilung von Mixed-Mode-Rissen entwickelt, das im folgenden kurz vorgestellt werden soll. Für jedes Material existiert demnach eine Grenzkurve, die den Beginn des instabilen Rißwachstums oder den Bruch anzeigt, **Bild 4.13**. Ein beliebiger Mixed-Mode-Beanspruchungszustand $P$ kann durch sein Verhältnis von $K_I$ zu $K_{II}$ in diesem Diagramm dargestellt werden. Befindet sich der zugehörige Zustandspunkt unterhalb der Grenzkurve, tritt voraussichtlich kein instabiles Rißwachstum auf. Mathematisch läßt sich dieses Bruchkriterium wie folgt formulieren:

$$\frac{K_I}{K_{Ic}} + \left(\frac{K_{II}}{K_{IIc}}\right)^2 \leq 1 \qquad (4.22)$$

Aufgrund der überlagerten Spannungseinflüsse von Mode-I und -II, vgl. Gl.(4.4), läßt sich daraus ein **Vergleichsspannungsintensitätsfaktor** $K_v$ entwickeln, der den Anteil beider Belastungsarten in einem skalaren Wert zusammenfaßt. In bezug auf die Stabilität des Risses unter dieser Mixed-Mode-Beanspruchung muß dessen Wert kleiner sein als die kritische Spannungsintensität $K_{Ic}$:

$$K_v = \frac{1}{2} \cdot K_I + \frac{1}{2} \sqrt{K_I^2 + 4(\alpha_1 \cdot K_{II})^2} \leq K_{Ic} \qquad (4.23)$$

Die Konstante $\alpha_1$ verkörpert dabei das Verhältnis der Rißzähigkeiten $K_{Ic}$ und $K_{IIc}$:

$$\alpha_1 = K_{Ic}/K_{IIc} \qquad (4.24)$$

Ist die Rißzähigkeit für den Mode-II-Fall nicht bekannt, läßt sich nach *Richard* /103/ mit $\alpha_1 = 1{,}225$ eine brauchbare Abschätzung für $K_{IIc}$ vornehmen.

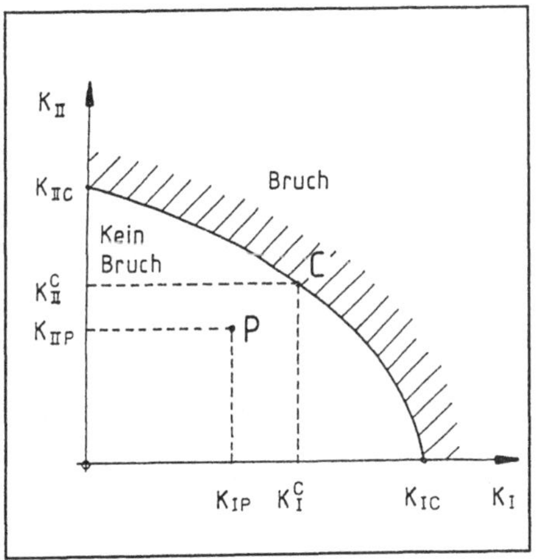



P:    Beanspruchungszustand an einer Rißspitze gegeben durch die Spannungsintensitätsfaktoren $K_{Ip}$ und $K_{IIp}$,
Materialabhängige Grenzkurve zum Beginn des instabilen Rißwachstums, beschrieben durch die Funktion $K_{IIc} = f(K_{Ic})$,

$K_I{}^c, K_{II}{}^c$:    Rißzähigkeiten für Mixed-Mode-Beanspruchung in einem beliebigen Punkt C der Grenzkurve,

$K_{Ic}$:    Rißzähigkeit für Mode I,

$K_{IIc}$:    Rißzähigkeit für Mode II

**Bild 4.13:**    Schematische Darstellung der Mixed-Mode-Problematik in einem $K_I$-$K_{II}$-Diagramm /103/

Charakteristisch für die Rißausbreitung unter Mixed-Mode-Belastung ist eine **Rißablenkung**, d.h. der Riß ändert nach anfänglicher Rißeinleitung senkrecht zur größten Hauptnormalspannung im weiteren Verlauf entsprechend dem gegebenen Verhältnis von $K_I$- und $K_{II}$-Faktor seine Ausbreitungsrichtung /103/. Mit zunehmendem Mode-I-Anteil wird die Rißablenkung stärker und erfährt unter positivem Schubspannungseinfluß einen positiven Rißablenkungswinkel und umgekehrt. **Bild 4.14** stellt diesen Sachverhalt schematisch dar.

Zur mathematischen Beschreibung der Rißablenkung liegen mehrere Ansätze vor. Die wichtigsten, das Kriterium der maximalen Tangentialspannung nach *Erdogan u. Shih* /115/ sowie die Kriterien der maximalen Energiefreisetzungsrate nach *Nuismer* /116/, *Hussain u.a.* /117/ und *Amestoy u.a.* /118/ liefern vergleichbar gute Ergebnisse und sagen eine Ablenkung des Risses um 70-75° bei reiner Mode-II Beanspruchung voraus. Die dabei durchgeführten Berechnungen an einem Riß mit abgeknicktem Zusatzriß haben erbracht, daß die Rißablenkung bei Mixed-Mode-Beanspruchung unter demjenigen Winkel erfolgt, unter dem der $K_{II}$-Anteil minimal und der Mode-I-Anteil maximal wird. Das weitere Rißwachstum kann somit als Mode-I kontrolliert angenommen werden, was durch neuere Ergebnisse einer experimentellen Arbeit von *Schillig* /119/ zur Untersuchung der Rißausbreitung unter Mixed-Mode-Beanspruchung bestätigt werden konnte. Gleichung (4.23) behält somit auch ihre Gültigkeit unter Anwendung der kritischen Spannungsintensität $K_{Ic}$ für den Mixed-Mode Fall.

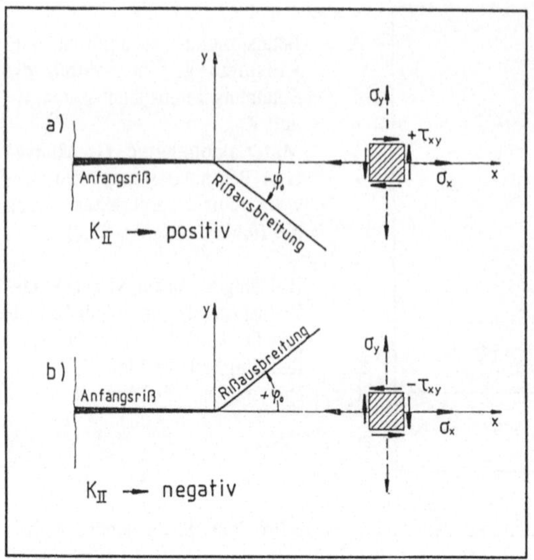



**Bild 4.14:** Schematische Darstellung der Rißablenkung bei Mixed-Mode- und Mode-II-Beanspruchung von Rissen /103/

Eine für die numerische Simulation brauchbare **Abschätzung der Rißablenkung** liefert wiederum die Arbeit von *Richard* /103/. Sind $K_{II}$ und $K_I$ bekannt, kann für den betrachteten Fall der voraussichtliche Rißablenkungswinkel $\varphi_0$ durch folgende Näherungsformel bestimmt werden:

$$\phi_0 = -155{,}5° \cdot \frac{K_{II}}{K_I + K_{II}} + 83{,}4° \cdot \left(\frac{K_{II}}{K_I + K_{II}}\right)^2 \qquad (4.25)$$

Der Rißablenkungswinkel liegt für diese Abschätzung zwischen 0° (für Mode I) und 75° (für Mode II) und stimmt damit gut mit den Vorhersagen der oben genannten Modelle überein.

## 4.7 Versagenskriterien für dynamisch wechselnde Belastung

### 4.7.1 Das Rißwachstum unter ein- oder mehrachsig schwingender, phasengleicher Belastung

Von besonderer praktischer Bedeutung ist die Anwendung der Bruchmechanik auf das Bruchverhalten bei schwingender Belastung. Das stabile Wachstum von Ermüdungsrissen kann dabei durch den Rißfortschritt $\delta a$ pro Lastwechsel, also der **Rißwachstumsgeschwindigkeit** $da/dN$ ($N$ = Lastspielzahl), beschrieben werden. Im allgemeinen wird die Rißwachstumsgeschwindigkeit nach *Paris* /120/ in Abhängigkeit von der zyklischen Spannungsintensität $\Delta K$ $(= K_{max} - K_{min})$ in doppellogarithmischer Darstellung aufgetragen, **Bild 4.15** /82,99/.

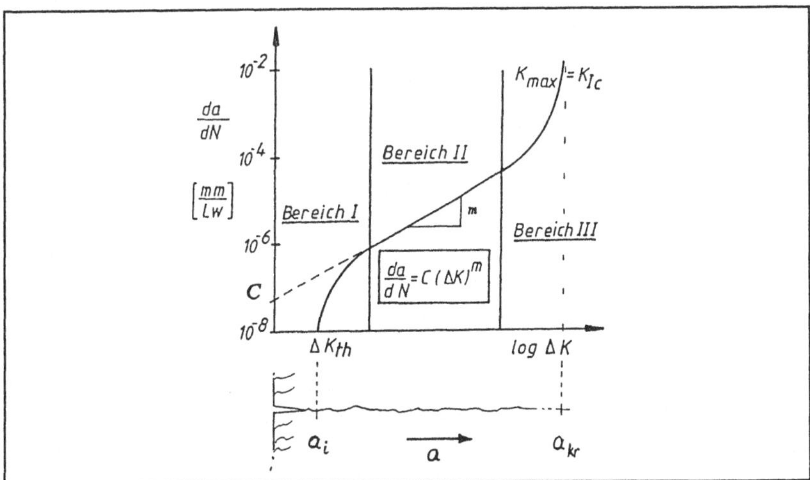


**Bild 4.15:** Rißwachstumsgeschwindigkeit in Abhängigkeit vom zyklischen Spannungsintensitätsfaktor /119/

Es lassen sich bei dieser Darstellungsweise die Bereiche A (Rißeinleitung), B (Rißvergrößerung) und C (zunehmend statische Restbrüche) unterscheiden. Im Bereich A unterhalb eines Schwellwertes $\Delta K_{th}$ (der Index *th* steht hierbei für den englischen Begiff <u>th</u>reshold) ist ein Anriß nicht mehr ausbreitungsfähig. $\Delta K_{th}$ muß experimentell bestimmt werden und stellt eine Art bruchmechanische Dauerfestigkeit dar /121/.

Der technisch interessante Bereich B mit Rißwachstumsgeschwindigkeiten $da/dN = 10^{-5}$-$10^{-3}$ mm/Lastspiel läßt sich durch die Gleichung von *Paris-Erdogan* /82/:

$$\frac{da}{dN} = C \cdot (\Delta K_I)^m \quad ( \ \Delta K_I = \Delta \sigma_0 \sqrt{\pi a} \cdot Y \ ) \tag{4.26}$$

mit $C$ und $m$ als Werkstoffkennwert darstellen. In der gewählten doppeltlogarithmischen Darstellung entspricht dies einer Geraden mit der Steigung $m$ und dem Basiswert $C$, die den mittleren Bereich des Wachstumskurve gut annähert.

Im Falle einer zyklischen Mixed-Mode-Belastung wird zur Betrachtung des Rißwachstums der zyklische Spannungsintensitätsfaktor $\Delta K_v$ gebildet /122/. Da der Riß nach einer anfänglichen Rißablenkung in seinem weiteren Verlauf i.a. Mode-I gesteuert weiterwächst /119/, kann $\Delta K_v$ auch als Belastungswert in der oben genannten Gleichung (4.26) zur Abschätzung der Rißwachstumsgeschwindigkeit unter Mixed-Mode-Beanspruchung eingesetzt werden. Das dazugehörige Schädigungskriterium für die Ermüdungsrißausbreitung lautet somit:

$$\Delta K_{th} \leq \Delta K_v < K_{Ic} \ , \qquad \frac{da}{dN} = C \cdot (\Delta K_v)^m \tag{4.27}$$

Ausgehend von einer vorgegebenen Anrißtiefe kann nun durch Integration von Gl.(4.26), unter Annahme einer linear anwachsenden Rißausbreitungsgeschwindigkeit und einer einachsigen Beanspruchung, die **Restlebensdauer** bis zum Bruch abgeschätzt werden /39,82/:

$$N_B = \frac{2}{(m-2) \cdot C \cdot (\Delta \sigma_0 \sqrt{\pi} \cdot Y)^m} \cdot \left( \frac{1}{a_i^{\frac{m}{2}-1}} - \frac{1}{a_{kr}^{\frac{m}{2}-1}} \right) \tag{4.28}$$

Die Integrationsgrenzen stehen hierbei für eine vorgegebene Anrißlänge $a_i$ und die kritische Rißtiefe $a_{kr}$, bei der, mit Einsetzen der instabilen Rißausbreitung, das Bauteil durch Gewaltbruch versagt.

Der entscheidende Nachteil dieser Formulierung ist aber, daß bei dieser Art der Betrachtung das Vorliegen einer homogenen äußeren und zudem einachsigen Bauteilbelastung $\Delta \sigma_0$ vorausgesetzt wird und die Rißspitzenbeanspruchung in Abhängigkeit von der Rißtiefe und einem Korrekturfaktor $Y$ ermittelt wird. Können bei komplexen Bauteilen die inneren Belastungsverteilungen nicht mehr durch den gegebenen Geometriefaktor $Y$ angenähert werden und ist es damit nicht mehr möglich die Rißausbreitungsgeschwindigkeit unmittelbar aus der Rißtiefe zu berechnen, muß die einstufige Lebensdauerabschätzung von der Anrißbildung bis zum Gewaltbruch zwangsläufig versagen.

In diesem Fall kann nur noch eine schrittweise numerische Berechnung der Rißspitzenbeanspruchung für verschiedene Rißtiefen weiterhelfen. Die Abschätzung der Gesamtlebensdauer ergibt sich dann als die Summe der Lastwechselzahlen der einzelnen Rißausbreitungs-inkremente oder Rißverlängerungen, die durch das Rechenmodell vorgegeben werden. Diese Aussage charakterisiert das Grundprinzip der numerischen Simulation der Ermüdungs-rißausbreitung (vgl. Abschnitt 6.1.3 *'Simulation der Rißausbreitung'*).

Für den mehrachsigen Belastungsfall berechnet sich die **Gesamtlebensdauer** $N_{ges}$ vom Anrißinkrement bis zum Bruch aus dem angegebenen Wachstumsgesetz Gl.(4.27) demnach wie folgt:

$$N_{ges} = \sum_{k=1}^{bruch} \left( \int_{a_k}^{a_{k+1}} \frac{1}{C \cdot (\Delta K_v)^m} \, da \right) \qquad (4.29)$$

## 4.7.2 Die Berücksichtigung von statischen Mittelspannungseinflüssen

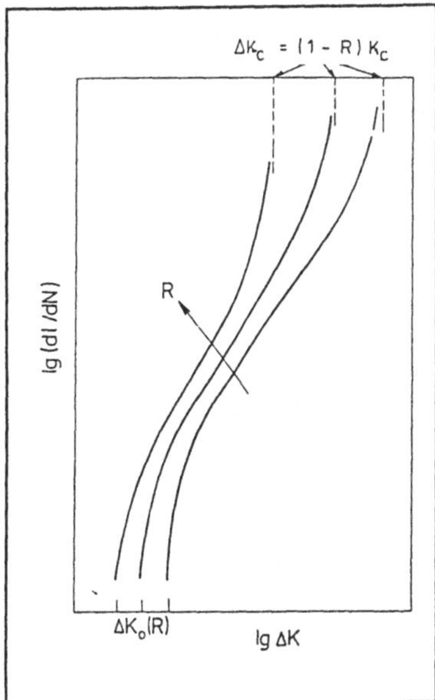


**Bild 4.16:** Schematische Darstellung des Belastungsverhältnisses $R$ auf die Rißausbreitungsrate *da/dN*

Ein weiterer Nachteil der Gleichung (4.26) und der damit verknüpften Lebensdauerabschätzung, ist in der unzureichenden Berücksichtigung der Randbereiche A und C des Rißwachstumsdiagramms zu sehen, vgl. **Bild 4.15**. Das Wachstumsverhalten weicht in diesen Bereichen stark vom linearen Verhalten des mittleren Diagrammbereichs ab. In vielen Anwendungsfällen ist jedoch gerade der Teilbereich A in der Nähe des Schwellwertes $\Delta K_{th}$, oder bei großen Ausbreitungsgeschwindigkeiten der Teilbereich C vor dem Eintritt des Gewaltbruchs, von großem Interesse. Durch den 'linearen' Ansatz des *Paris*-Gesetzes können diese Randbereiche des Diagramms allerdings nicht mehr richtig wiedergeben werden und führen damit zu unbefriedigenden Aussagen.

Unberücksichtigt bleibt ferner der Einfluß einer statischen Mittelspannung $\sigma_m$, die sich aus dem **Belastungsverhältnis** $R$ des unteren und oberen Spannungsauschlags der Belastungsamplitude ergibt ($R = \sigma_{min}/\sigma_{max}$), vgl. **Bild 4.17**. Es hat sich gezeigt, daß mit zunehmendem Belastungsverhältnis, d.h. wachsender Zugmittelspannung das Rißwachstum beschleunigt wird, **Bild 4.16**. Dies trifft insbesondere auf die

Wachstumsbereiche A und C knapp oberhalb des Schwellwertes $\Delta K_{th}$ und unterhalb der Versagensgrenze im zyklischen Fall $\Delta K_c$ zu, die eine ausgeprägte Abhängigkeit vom herrschenden Mittelspannungszustand aufweisen. Für Stähle läßt sich die Abhängigkeit der beiden Werkstoffkennwerte von $R$ in guter Näherung als Funktion eines Referenzwertes $\Delta K_{th0}$ und $K_{c0}$ (für $R=0$) von dem anliegenden Belastungsverhältnis $R$ wie folgt angeben:

$$\Delta K_{th}(R) = \sqrt{1-R^2} \cdot \Delta K_{th0} \ , \quad \Delta K_{Ic}(R) = K_{Ic0} \cdot (1-R) \tag{4.30}$$

Anstelle der allgemeinen Bruchzähigkeit $K_c$ wurde hierbei die spezielle kritische Spannungsintensität $K_{Ic}$ für den EFZ eingesetzt.

Zur Berücksichtigung dieser Einflüsse wurden bisher mehrere Modifikationen der Gleichung (4.26) vorgeschlagen. Sie sollen unter Verwendung der Wachstumskenngrößen $C,m$, die allgemein für den Zustand $R=0$ ermittelt werden, die Anwendbarkeit des *Paris*-Gesetzes auf die 'nicht-linearen' Wachstumsbereiche erweitern helfen. Ohne weiter auf die verschiedenen Ansätze einzugehen, soll an dieser Stelle nur der Ansatz von *Forman u.a.* betrachtet werden /123/, dessen gute Übereinstimmung mit experimentellen Vergleichsergebnissen bereits vielfach nachgewiesen werden konnte /82/. Für weitergehende Ausführungen sei auf die angegebene Literatur verwiesen /82,99/. Unter Berücksichtigung des Schwellwertes $\Delta K_{th}$, gemäß eines Vorschlags von *Erdogan & Ratwani* stellt die *Forman*-Gleichung eine brauchbare Abschätzung für alle Bereiche der Rißwachstumsgeschwindigkeit unter Berücksichtigung von **Mittelspannungseinflüssen** in Form des Belastungsverhältnisses $R$ dar:

$$\frac{da}{dN} = \frac{C^* \cdot (\Delta K - \Delta K_{th})^m}{(1-R) \cdot K_{Ic} - \Delta K} \quad ( \ mit \ \ C^* = C \cdot (1-R) \cdot K_{Ic}) \tag{4.31}$$

Das Belastungsverhältnis und die Amplitude der zyklischen Spannungsintensität können aber im Fall der numerischen Simulation relativ einfach aus den vorliegenden Spannungsergebnissen berechnet werden. Liegt eine Mixed-Mode-Beanspruchung vor muß gemäß Gl.(4.23) der zyklische Wert für $\Delta K_v$ eingesetzt werden (vgl. auch Gl.(4.33)); das Belastungsverhältnis orientiert sich weiterhin an der Mode-I-Komponente. Ein weiterer Vorteil dieser Gleichung ist, daß sie nur von vier, im allgemeinen verfügbaren, Werkstoffparametern abhängt. Es gilt dabei zu beachten, daß der in der Gleichung enthaltene Schwellwert $\Delta K_{th}$ zusätzlich von $R$ abhängt und gemäß Gl.(4.30) separat berechnet werden muß. Gleiches trifft, wie angegeben, für die Anpassung des speziellen Wachstumskoeffizienten $C^*$ zu.

Aufgrund der praktischen Handhabbarkeit und der zufriedenstellenden Ergebnisse wurde die modifizierte *Forman*-Gleichung in der angegebenen Form als Grundgleichung für die weitere Simulation der Ermüdungsrißausbreitung herangezogen (vgl. Abschnitt 6.1.3).

#### 4.7.3 Die Berücksichtigung des Rißschließeffekts

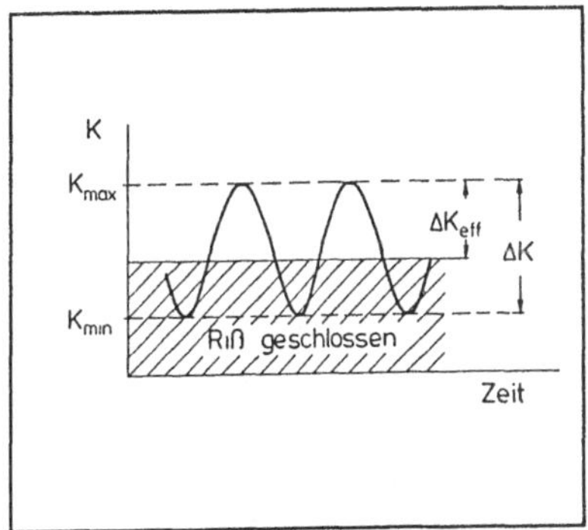


**Bild 4.17:** Einfluß des Rißschließeffektes auf die effektive Amplitude des Spannungsintensitätsfaktors

Der beobachtete Einfluß der Mittelspannung auf die Rißausbreitungsgeschwindigkeit bei Mode-I-Beanspruchung, der wie soeben gezeigt durch den *R*-Wert charakterisierbar ist, kann nach einem Modell von *Elber* /124/ auf den sog. **Rißschließeffekt**, oder aus der englischsprachigen Literatur auch als **'crack closure effect'** bekannt, zurückgeführt werden. Durch vorzeitiges Schließen des Risses, d.h. die Rißufer berühren sich bevor das eigentliche Belastungsminimum des Lastzyklus erreicht ist, kommt es zu einer vorzeitigen Entlastung der Rißspitze /125/. Die effektive Amplitude des Spannungsintensitätsfaktors unter Zugbeanspruchung $\Delta K_{Ieff}$ ist somit kleiner als der theoretische Wert der zyklischen

Nennspannungsintensität $\Delta K_I = K_{Imax} - K_{Imin}$, **Bild 4.17**. Der Anteil der Belastungsamplitude unter Rißschluß trägt somit nicht zur zyklischen Rißspitzenermüdung bei. Bei Überlagerung eiiner statischen Zugmittelspannung, d.h. bei statischer Rißöffnung, wird dieser Rißschließeffekt behindert, so daß sich mit steigendem Mittelspannungseinfluß oder R-Wert die effektive zyklische Spannungsintensität zunehmend der Amplitude der Nennspannungsintensität annähert und die Rißausbreitungsgeschwindigkeit dementsprechend zunimmt.

Verantwortlich für diese Erscheinung sind beispielsweise Verzahnungen der Rißoberflächenprofile oder die entlasteten elastischen Spannungsfelder, die die plastische Rißspitzenzone umgeben, **Bild 4.17**. Die FE-Simulation ist bei entsprechender Modellierung in der Lage, diesen letztgenannten Effekt nachzuvollziehen. Ein ähnlicher Einfluß kann auch bei Mode-II-Beanspruchung beobachtet werden. Reibeffekte zwischen den Rißflächen können die effektive Belastungsamplitude $\Delta K_{IIeff}$ ebenfalls verringern /126/. Hierüber liegen allerdings noch kaum gesicherte Erkenntnisse vor. Eine näherungsweise Berücksichtigung dieses Effekts in einem numerischen Berechnungsmodell ist aber durch Vorgabe eines Reibkoeffizienten zwischen den Rißflächen durchaus denkbar, vgl. **Bild 6.21**.

Unter Berücksichtigung der neuen Amplitude des **effektiven Spannungsintensitätsfaktors** und des Rißwachstumsschwellwertes $\Delta K_{th}$ läßt sich das *Paris*-Gesetz Gl.(4.26) in der folgenden Schreibweise angeben:

$$\frac{da}{dN} = C \cdot [\Delta K_{Ieff} - \Delta K_{th}]^m \qquad (4.32)$$

Hierbei ist $\Delta K_{Ieff}$ im allgemeinen aber eine materialspezifische und für den Einzelfall empirisch ermittelte Funktion des Belastungsverhältnisses $R$. Zur Beschreibung des Mittelspannungseinflusses durch Betrachtung des Rißschließeffektes besitzt dieser Ansatz daher, im Vergleich zur vorherigen Betrachtungsweise (vgl. Gl.(4.31)), für eine möglichst universell einzusetzende numerische Abschätzung nur einen sehr begrenzten Wert.

Weitaus wichtiger ist jedoch der Effekt des teilweisen Rißschließens infolge tatsächlicher **Druckbelastung der Rißflächen** während des Belastungsdurchganges. Wird der Riß am unteren Belastungspunkt auf Druck beansprucht - der Riß ist dadurch zwangsläufig geschlossen - ergibt sich gemäß Gl.(4.1) rein rechnerisch eine negative Spannungsintensität $K_{Imin}$; das resultierende Belastungsverhältnis $R$ ist dann ebenfalls negativ. Bei Betrachtung von **Bild 4.17** läßt sich unschwer erkennen, daß der effektive Wert der zyklischen Spannungsintensität $\Delta K_{Ieff}$ in diesem Fall nicht mehr der gesamten Amplitude $\Delta K_I$ entsprechen kann.

Diese auf den ersten Blick selbstverständliche Feststellung darf jedoch nicht übersehen werden und muß unbedingt bei der numerischen Bestimmung der zyklischen Vergleichsspannungsintensität $\Delta K_v$ als Eingangsgröße für die Rißwachstumsformel Gl.(4.31) in Verbindung mit dem Wert für $\Delta K_{IIeff}$ Berücksichtigung finden, vgl. Gl.(4.23). Sie lautet dann:

$$\Delta K_v = \tfrac{1}{2} \cdot \Delta K_{Ieff} + \tfrac{1}{2} \cdot \sqrt{\Delta K_{Ieff}^2 + 4(\alpha_1 \cdot \Delta K_{IIeff})^2} \sim G_{tot} \tag{4.33}$$

In Anlehnung an Gleichung Gl.(4.16) entspricht hierbei - für den Gültigkeitsbereich der LEBM - die zyklische Vergleichsspannungsintensität dem Betrag der pro Lastzyklus eingebrachten totalen Energiefreisetzungsrate $G_{tot}$. Der weitere Einfluß von überlagerten Druckspannungsfeldern auf das mikrostrukturell bedingte Rißwachstum soll hierbei in erster Näherung nicht betrachtet werden /127/.

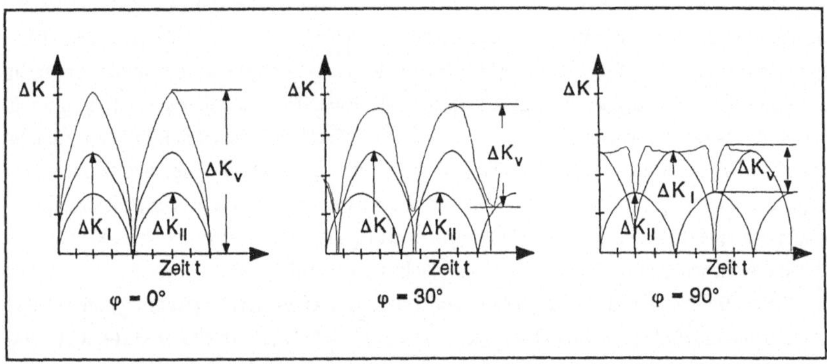



**Bild 4.18:** Die zyklische Vergleichsspannungsintensität $\Delta K_v$ bei zunehmend außerphasiger Mixed-Mode-Belastung

#### 4.7.4 Die Rißwachstumsproblematik bei außerphasig wechselnder Beanspruchung

Die vorgestellte Vorgehensweise zur Berechnung der Vergleichsspannungsintensität des gesamten Belastungzyklus versagt jedoch streng genommen bei komplexen Belastungsverhältnissen. Liegen die Maxima der zyklischen Belastungskomponenten nicht zeitgleich vor, sondern sind um einen bestimmten Phasenwinkel verschoben - man spricht dann von einer außerphasigen Belastung -, ist der Wert für $\Delta K_v$ nicht mehr in der Lage, die in die Rißspitzenumgebung eingebrachte totale Schädigungsenergie, die sich auch in der Energiefreisetzungsrate $G_{tot}$ ausdrücken läßt, richtig wiederzugeben. **Bild 4.18** bringt diesen Sachverhalt deutlich zum Ausdruck.

Der Riß unter außerphasiger, mehrachsiger Belastung zeigt auch im Realfall ein verändertes Wachstumsverhalten. Die Ausbreitungsgeschwindigkeit bei außerphasig schwingenden Komponenten gleichen Lastniveaus ist geringer als für den phasengleichen Belastungsfall /136/. Erfährt im Mixed-Mode-Fall die schwingende Schubspannungskomponente zusätzlich eine Richtungsumkehr, d.h. einen Nulldurchgang, stellt sich darüberhinaus die Frage, wie die Mode-II-Amplitude zu definieren ist. Ferner ist unklar welches Vorzeichen sie zu erhalten hat und wie die resultierende Rißablenkung aussieht. Hierüber liegen allerdings nur sehr wenige experimentellen Ergebnisse vor, so daß für die vorliegende Aufgabe der Rißausbreitungssimulation unter komplexen Lastbedingungen ein einfaches Modell geschaffen werden mußte, **Bild 4.19**. Es dient im folgenden als Grundlage für die numerische Behandlung komplexer Belastungszustände im Rahmen der Rißausbreitungssimulation.

Die entwickelte Modellvorstellung des mikroskopischen Rißwachstums pro Lastwechsel - das sog. 'Zwei-Phasen-Modell' - besagt, daß sich ein Riß im Falle eines zweiphasigen Belastungsvorganges, d.h. bei einer Richtungsumkehr der Schubspannungskomponente, inkrementell als Resultierende eines zweistufigen Ausbreitungsprozesses verlängert. Die totale Rißausbreitungsrichtung bzw. Rißwachstumsrate ergibt sich dabei belastungsabhängig aus den beiden Phasenanteilen. Das Modell soll auf diese Weise eine akkumulierte Mikroschädigung der Rißspitzenumgebung pro Belastungsanteil und -zyklus berücksichtigen.

Demnach setzt sich die Rißausbreitungsrichtung vektoriell aus der Rißablenkung und der jeweils ermittelten Rißverlängerung der beiden Wachstumsphasen zusammen. Der Rißablenkungswinkel jeder Phase ergibt sich aus dem Verhältnis der vorliegenden Mixed-Mode-Beanspruchung. Die zugrundegelegten virtuellen Rißausbreitungsinkremente orientieren sich phasenweise an der Höhe der vorliegenden phasenspezifischen Vergleichsspannungsintensität bzw. der Energiefreisetzungsrate $G_1$ und $G_2$ der beiden Phasen. **Bild 4.19** verdeutlicht diesen Zusammenhang anschaulich.

Die resultierende Wachstumsrate $da_{ges}$ des Gesamtbelastungsvorganges hingegen kann nicht aus der Vektoraddition der einzelnen Phasenbeiträge abgeleitet werden. Sie wird, da

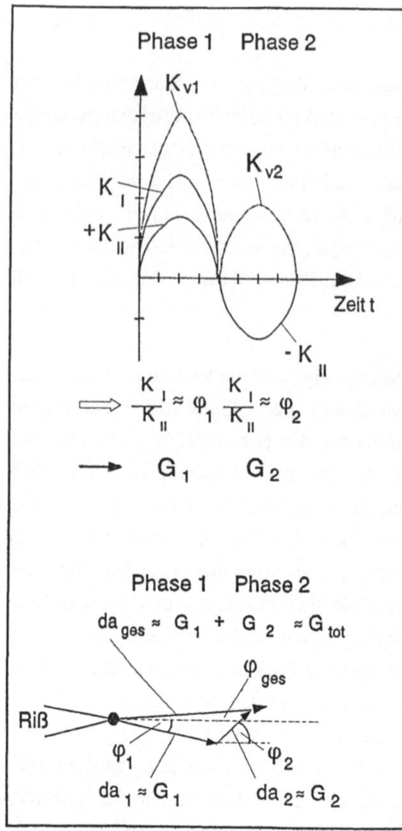



**Bild 4.19:** Modellvorstellung zum Rißwachstum nach dem *'Zwei-Phasen-Modell'*

es unmöglich ist eine eindeutige, gemeinsame Vergleichsbelastungsamplitude für beide Phasen zu definieren, aus der totalen Energiefreisetzungsrate $G^*_{tot}$ beider Phasen unter Heranziehung bekannter Rißwachstumsgesetze bestimmt. Der Betrag der totalen Energiefreisetzungsrate ergibt sich daher nicht wie im Normalfall proportional zum Quadrat der zyklischen Vergleichsspannungsintensität des Gesamtvorgangs ($G_{tot} \approx \Delta K_v^2$), sondern im Sinne einer zeitlichen Schadensakkumulationstheorie als Summe der Einzelschädigungsbeiträge der beteiligten Wachstumsphasen, Phasen 1 und 2 ($G_{tot} \approx (\Delta K_{v1}^2 + \Delta K_{v2}^2)$). **Bild 4.19** zeigt hierzu die entwickelte Modellvorstellung; die Druckkomponente der Mode-I-Belastung wurde definitionsgemäß nicht mehr dargestellt.

Auf diese Weise wird zum einen erreicht, daß die resultierende Wachstumsrate bei außerphasiger Belastung niedriger ist als bei vergleichbarer, in Phase schwingender Belastung. Zum anderen wird dadurch erzielt, daß sich bei reiner Mode-II-Beanspruchung, die symmetrisch zur Nullage schwingt, eine koplanare Ausbreitungsrichtung einstellt; der Fall der Rißverzweigung wird hierbei nicht in Betracht gezogen. Schwingt die Mode-II-Komponente nicht symmetrisch um die Nullage, erfaßt die Methode ferner die resultierende statische Schubmittellast. Das entwickelte Modell kann jedoch nur als vereinfachte Annahme und erster Schritt für den vorliegenden Fall angesehen werden. Zukünftige Arbeiten müssen daher zur verbesserten Analyse komplexer mehrachsiger und außerphasiger Beanspruchungszustände die bisherigen, spannungsbezogenen Rißwachstumskriterien durch Verfahren der akkummulierten Schädigungsenergiedichte ersetzen und beispielsweise eine zyklische Formulierung des J-Integrals ($\Delta J$) als Schädigungsparameter heranziehen.

# 5. Grundlagen der Werkzeug- und Prozeßsimulation

## 5.1 Prozeßsimulation in der Umformtechnik PSU

Die FE-Simulation hat in der Umformtechnik wie in anderen Ingenieurdisziplinen ein sehr großes Anwendungspotential vorgefunden und konnte dabei sehr schnell neue Perspektiven der rechnerunterstüzten Fertigungsplanung aufzeigen. Unter dem Begriff *Prozeßsimulation* konzentrieren sich die FE-Anwendungen zur Zeit vornehmlich auf die Stoffflußsimulation von Umformprozessen der Blech- und Massivumformung /50-55,91,92/. Die dadurch erreichbaren Vorteile bei der Planung von Umformprozessen im Hinblick auf die Reduzierung der Entwicklungszeiten und -kosten liegen klar auf der Hand und wurden bereits in Verbindung mit der FE-unterstützten Werkzeugauslegung andiskutiert.

Trotz der erwiesenen Erfolge sind die Grenzen des derzeit Machbaren bei der FE-Anwendung vor allem durch den begrenzten Entwicklungsstand der hauptsächlich universell ausgerichteten FE-Programmpakete gegeben. In bezug auf die speziellen Anforderungen umformtechnischer Problemstellungen sind sie schlichtweg überfordert. Hinzu kommt der vielmals unzulängliche praktische Kenntnisstand über die Randbedingungen des Umformprozesses. Die Hauptschwierigkeiten, die sich hieraus für den Anwender im Bereich der Umformtechnik ergeben, liegen insbesondere in der unzureichenden

- Lösung der **Kontaktproblematik** zwischen Werkstück und Werkzeug,
- Berücksichtigung komplexer zeit- und temperaturabhängiger **Stoffgesetze**,
- **Netzneugenerierung** (Remeshing) von stark verzerrten und fehlerbehafteten Elementbereichen, infolge des Umformvorgangs,
- **Softwarearchitektur** der Programmsysteme in bezug auf Rechnerkapazität und Berechnungszeiten.

Die genannten Punkte sind jedoch Schwerpunkte verschiedenster internationaler Forschungsaktivitäten auf dem Sektor der FE-Entwicklung.

### 5.1.1 Das Programmpaket PSU

Vor dem Hintergrund dieser Problematik hat sich das von der Stiftung Volkswagenwerk geförderte Gemeinschaftsprojekt PSU '*Prozeßsimulation in der Umformtechnik*' die erklärte Aufgabe gesetzt, ein eigenständiges und fortschrittliches FE-Programmpaket zu entwickeln, das speziell auf die Belange der Prozeßsimulation von Umformvorgängen zugeschnitten ist /93/. **Bild 5.1** zeigt hierzu die äußere Struktur dieses PSU-Gesamtprogamms.

Bei der Programmarchitektur wurde auf eine strikte funktionale Trennung der einzelnen Programmbausteine geachtet, um so ein Höchstmaß an Effizienz und Erweiterbarkeit der Software zu gewährleisten. Das Programmpaket gliedert sich im wesentlichen in vier Hauptfunktionsgruppen: das eigentliche Kernprogramm, die untergeordneten Programmmoduln zur Durchführung der FE-Rechnung, eine externe Datenbank zur Datenverwaltung und Anbindung an die Programmumgebung sowie letztendlich verschiedene Programmoduln für programminterne Nachlaufrechnungen.

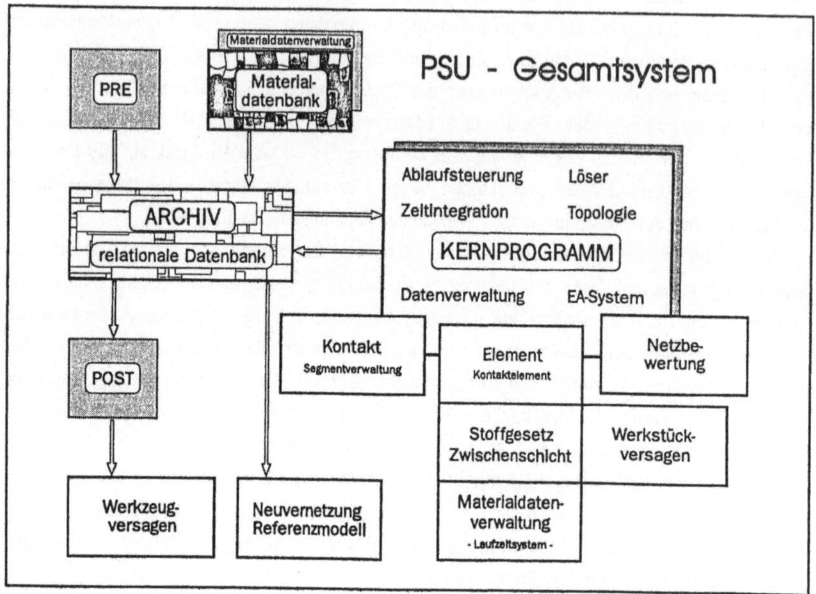


**Bild 5.1:**  Übersicht über das PSU-Gesamtsystem

Der Programmkern enthält die allgemeinen Lösungsalgorithmen und Dienstleistungsroutinen für die Modelldatenverwaltung, die Lösung der globalen FE-Gleichungssysteme sowie die Ablaufsteuerung des Gesamtrechenlaufes. Lokale Größen, die direkt von den Elementansätzen, der Stoffgesetzintegration oder den Kontaktbedingungen abhängen, werden dezentral auf Element- oder Materialpunktebene von den betreffenden, untergeordneten Programmoduln berechnet und zur Aufstellung der globalen Gleichungssysteme nach oben an den Programmkern weitergeleitet.

Das zweite Standbein des Programms bildet eine Datenbank als Archiv. Sie erfüllt zum einen die Aufgabe der Materialdatenverwaltung und zum anderen die Verwaltung und Speicherung von Ergebnisdaten bzw. Eingangsgrößen für den Programmstart. Sie stellt ferner für den Programmkern über ein spezielles Eingabe-Ausgabe-System die Schnittstelle zur Außenwelt dar. Hierzu zählen mögliche externe Pre- und Postprozessorfunktionen zur Modelleingabe bzw. Ergebnisausgabe oder programminterner Optionen wie die Neuvernetzung des Prozeßmodells. Eine im Vergleich zu bestehenden FE-Programmsystemen originäre Neuentwicklung stellt darüberhinaus ein Programmbaustein zur Simulation des Werkzeugversagens dar.


### 5.1.2 Der Programmbaustein Werkzeugversagen in der PSU-Programmumgebung

Da der wirtschaftliche Erfolg von Umformverfahren maßgeblich von der Beherrschung der Werkzeugproblematik mitgetragen wird, bietet die Möglichkeit zur Simulation des Werkzeugversagens eine wertvolle Ergänzung für das Gesamtprogramm. Aus diesem Grunde wurde bereits in der Anfangskonzeption des Projektes ein spezieller Baustein WERKZEUG-VERSAGEN vorgesehen. Durch direkte Nutzung der Ergebnisse aus der vorangegangenen Stoffflußsimulation können damit durch Ermittlung der Werkzeugbeanspruchung für den einzelnen Umformvorgang aber auch dessen n-fache Durchführung (Simulation für große Stückzahlen) die Leistungsgrenzen und Leistungsreserven des Werkzeugs als Grundlage für eine anschließende Werkzeugoptimierung erkannt werden. Die Analyse der beiden Hauptversagensarten, Bruch und Verschleiß, wird in zwei getrennten Programmoduln vorgenommen, **Bild 5.2** /94/.

Die Erarbeitung des Moduls BRUCH als Bestandteil des Programmbausteins WERKZEUGVERSAGEN, im Rahmen des Teilprojekts 5 des PSU-Verbundprojektes *'Simulation des Werkzeugversagens'*, ist Thema des vorliegenden Forschungsberichts.

Die FE-Werkzeugberechnung, als Grundlage der weiterführenden Bruch- oder Verschleißsimulation, setzt als erstes voraus, daß die geometrische Modellierung des Werkzeuges gegeben ist. Bei Vorliegen einer rechnerintegrierten Konstruktionsumgebung kann die Übertragung der Werkzeuggeometrie auf das Referenzmodell der Versagenssimulation problemlos aus einem bestehenden CAD-Modell z.B. über eine standardisierte IGES-Schnittstelle realisiert werden. Ein FEM-Preprozessor ermöglicht die Ankoppelung an das CAD-System und liefert aus dem geometrischen Referenzmodell automatisiert die benötigte FE-Diskretisierung des Werkzeugmodells, **Bild 5.3**.

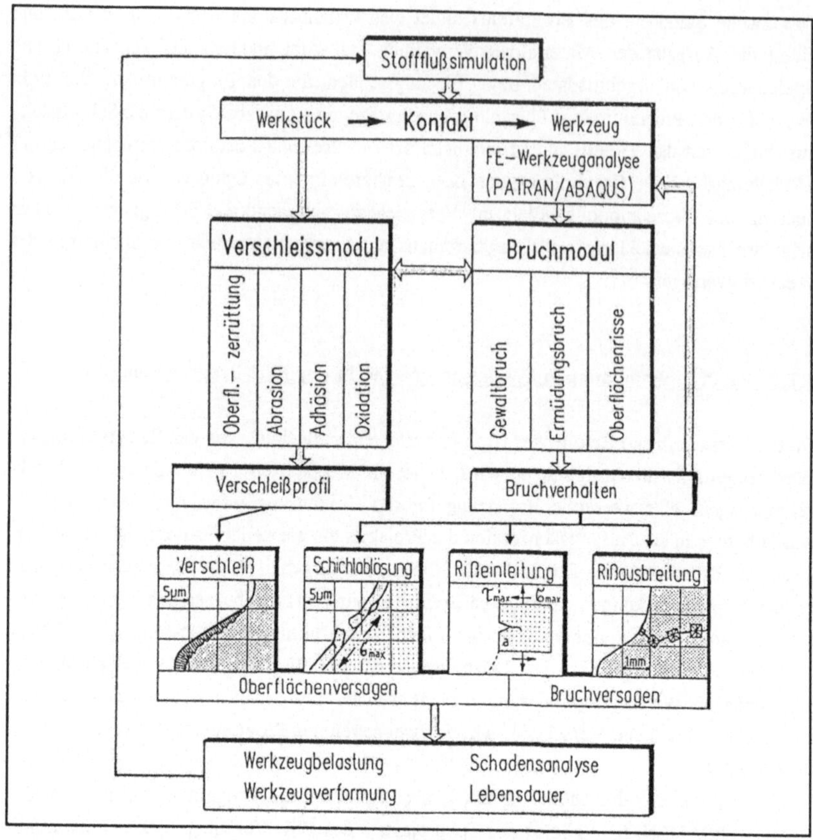



**Bild 5.2:**   Struktur des Programmbausteins WERKZEUGVERSAGEN

Die zur Erzeugung des vollständigen Prozeßmodells fehlenden Angaben über die Werkzeugbelastung können daran anschließend vom Anwender - als direkte Ergebnisse der Stoffflußsimulation des betrachteten Umformprozesses - über die vorgesehenen Schnittstellen des EA-Systems aus der PSU-Datenbank (Archiv) übernommen werden. Die nachfolgende Werkzeugberechnung wird erneut durch den PSU-Programmkern durchgeführt, die Ergebnisdaten der FE-Werkzeuganalyse stehen im Anschluß auf der Datenbank zur Verfügung. Der Versagensmodul kann in der Nachlaufrechnung auf diese Daten, wie auch auf die erforderlichen, versagensspezifischen Materialkennwerte, über die programminternen Schnittstellen zugreifen. Der Programmbaustein stellt somit das gewünschte Bindeglied der rechnerintegrierten Werkzeugkonstruktion und Verfahrensentwicklung dar und bietet sich als geeignetes

Instrument zur Unterstützung des Betriebsmittelkonstrukteurs bei der belastungsorientierten Werkzeugauslegung bzw. -optimierung an.

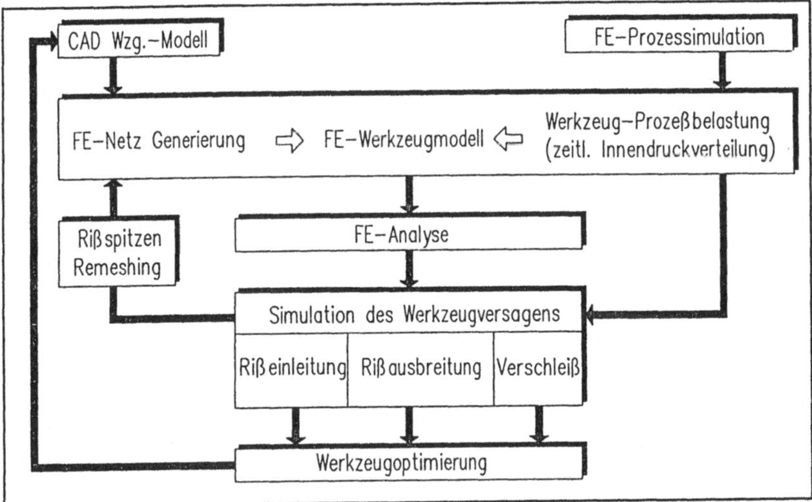


**Bild 5.3:**     FE-Simulation des Werkzeugversagens durch Bruch und Verschleiß

Zur Beschreibung des Verschleiß- bzw. Bruchverhaltens müssen allerdings als Versagensparameter entweder integrale Größen oder Maximalwerte der Werkzeugbelastung eines vollständigen Umformzyklus herangezogen werden. Die benötigte Versagensanalyse kann daher erst im Anschluß an eine komplett durchgeführte Stoffflußsimulation eines Umformprozesses in Form von Nachlaufrechnungen erfolgen. Eine zeitparallele Betrachtung des Werkzeugversagens und der Stoffflußsimulation ist aus diesem Grunde, zumindest im Falle der Bruchsimulation, nicht möglich. Im Rahmen des Gesamtprogramms hat der Versagensmodul daher die Aufgabe eines Postprozessors für die Stoffflußsimulation bzw. die nachgeschaltete FE-Werkzeuganalyse, vgl. **Bild 5.1.**

## 5.2 Vorgehensweise bei der Werkzeug- und Versagenssimulation

Der Grundgedanke der Simulation des Werkzeugversagens ist es, den Schädigungsgrad der betrachteten Versagensart für einen einzelnen Prozeßablauf d.h. den einmaligen Umformvorgang zu berechnen und durch zeitliche Extrapolation das Schädigungsverhalten des Werkzeuges für n-fache Prozeßwiederholung zu bestimmen. Durch Anwendung geeigneter Versagensgesetze und der Definition von Versagensgrenzen läßt sich somit aus der Simulation eines einzelnen Umformvorgangs das Ermüdungsverhalten des Werkzeugs im Dauerbetrieb beurteilen, wie auch die entscheidende Frage des möglichen Gewaltversagens während der ersten Prozeßwiederholungen beantworten. Hierunter sind beispielsweise die Überlastungsgefahr kritischer Werkzeugbereiche durch Rißinitiierung, extreme Verschleißraten oder mögliches Abplatzen aufgebrachter Verschleißschutzschichten zu zählen, s. **Bild 5.2.**

Neben der Abschätzung der Leistungsreserve als Grundlagen zur Werkzeugoptimierung ist ein weiterer wesentlicher Nutzen der Werkzeuganalyse darin zu sehen, daß Angaben über Werkzeugverformung und Werkzeugveränderungen durch Langzeiteffekte als veränderte Randbedingungen an eine neuerliche Stoffflußsimulation zurückgeliefert werden können und Auskunft über mögliche Einflüsse auf die Oberflächenqualität oder Maßhaltigkeit der Werkstücke geben können.

Prinzipiell läßt sich die Vorgehensweise bei der Werkzeugsimulation und der nachgeschalteten Versagenssimulation durch die folgenden Schritte charakterisieren:
- Generierung des FE-Werkzeugmodells
- FE-Simulation des Werkstoffflusses zur Bestimmung der Belastungsgeschichte in der Kontaktzone zwischen Werkstück und Werkzeug
- Übertragung der Prozeßbelastung auf das Werkzeugmodell (Kontaktwertübertragung)
- Abstraktion des Umformvorgangs durch Auswahl versagenskritischer Prozeßstadien
- FE-Berechnung der Werkzeugbeanspruchung für die ausgewählten Prozeßstadien
- Beanspruchungsanalyse des gesamten Umformvorganges
- Überlastungsanalyse der Werkzeugauslegung (Gewaltbruchanalyse)
- Rißausbreitungssimulation und Versagensanalyse für n-fache Prozeßwiederholung (Ermüdungsbruchanalyse)

In den nun folgenden Ausführungen sollen anhand praktischer Verfahrensbeispiele von Fließpreßmatrizen die ersten Simulationsschritte zur Bereitstellung der Werkzeugbeanspruchung als Basis der anschließenden Versagenssimulation erläutert werden. Daran wird sich in Kapitel 6 eine Vorstellung der Funktionsweise des Programmoduls BRUCH anschließen.

### 5.2.1 Generierung des FE-Werkzeugmodells

Der erste Schritt der Versagenssimulation ist die Erstellung eines geeigneten FE-Modells für die Analyse der Werkzeugbeanspruchung während des Umformprozesses. Die Modelleingabe kann dabei interaktiv mit Hilfe eines Preprozessors erfolgen oder wie im Fall der PSU-Umgebung direkt aus der CAD-Konstruktion übernommen werden, vgl. **Bild 5.3**. Aufbauend auf der geometrischen Modelleingabe erfolgt die FE-Netzgenerierung und die Eingabe des Materialverhaltens sowie der statischen Randbedingungen. Im Fall der vorliegenden Untersuchungen standen für diese Aufgabe das Preprozessor-Programmpaket PATRAN und die programminternen Preprozessor-Optionen des FEM-Pakets ABAQUS zur Verfügung.

Der Vorgabe des Materialverhaltens - entweder ideal-elastisch oder elastisch-plastisch - kommt hierbei für den Fall möglicher Randschichtplastifizierungen höchstbelasteter Werkzeugbereiche eine sehr entscheidende Rolle zu (vgl. Bild 2.3). Die Vernachlässigung von lokalen Oberflächenplastifizierungen kann daher bei der späteren Versagensanalyse zu schwerwiegenden Fehlinterpretationen führen /75/.

**Bild 5.4** zeigt die Konstruktionszeichnung einer Voll-Vorwärts-Fließpreßmatrize nach *Reiss*. Das dargestellte Werkzeug wurde, da hierfür umfangreiche experimentelle und numerische Ergebnisse vorliegen /20,21/, unter Abwandlung des Schultereinlaufradius von 1mm auf 2,5mm auch als Musterbeispiel für die Prozeßsimulation des Fließpressen im Rahmen des PSU-Projektes ausgewählt. Zum Zweck der vorliegenden Untersuchungen wurden beide Werkzeugvarianten mit ansonst gleichen Randbedingungen analysiert.

In **Bild 5.5** ist das entsprechende, daraus generierte axialsymmetrische FE-Modell abgebildet, das für die Untersuchungen des Werkzeugbruchs bei einem Schulterradius von 1mm herangezogen wurde. Das FE-Netz wurde im gezeigten Fall noch manuell mittels des ABAQUS-Preprozessor erstellt. Aus Anschauungsgründen wurde die Darstellung um die spiegelbildliche Werkzeughälfte ergänzt und die beiden Werkzeugteile, Matrize und Armierungsring, im Bereich der Passungsfuge durch einen Spalt getrennt. Für die eigentliche FE-Analyse genügt im folgenden, aufgrund der Rotationssymmetrie des Werkzeuges, jedoch die Betrachtung einer Werkzeughälfte. Die bereits gezeigte Werkzeugverformung ist dreißigfach vergrößert und zeigt die Reaktion des Werkzeuges auf die Innendruckbelastung für zwei unterschiedliche Stempelpositionen während des Fließpreßvorgangs.

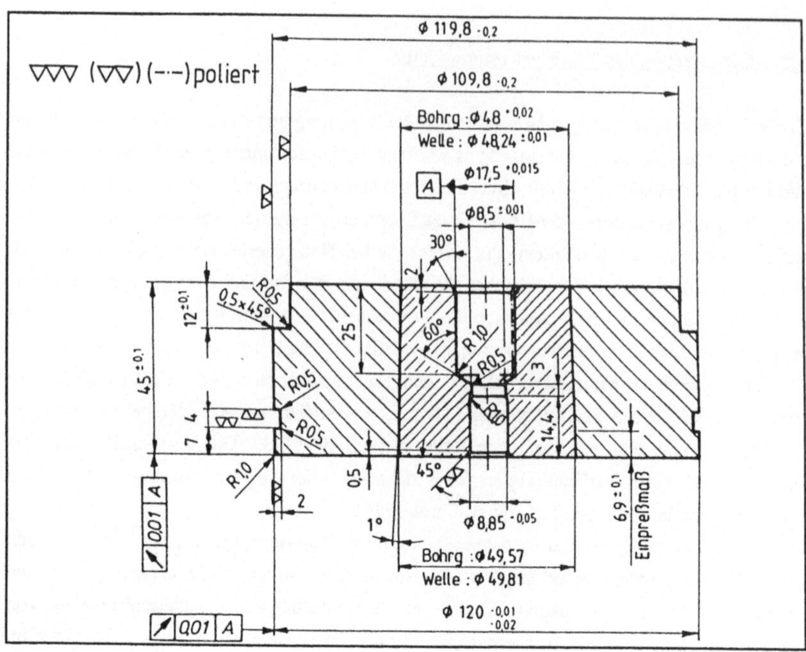



**Bild 5.4:**     Werkzeug zum Voll-Vorwärts-Fließpressen /20/

## 5.2.2 Simulation des Werkstoffflusses

Die getroffene Annahme der während des Prozesses wirksamen Innendruckverteilung ist, neben der Materialvorgabe, die wichtigste Randbedingung der Werkzeuganalyse. Die Güte der Annahme bzw. des Modells bestimmt letztendlich maßgeblich die Genauigkeit der erzielten Simulationsergebnisse, vgl. Bild 2.3. Der exakten Versagenssimulation muß daher, aufgrund der benötigten Randbedingungen über die zeitabhängige Prozeßbelastungen des Werkzeugs, eine Stoffflußsimulation des untersuchten Umformprozesses vorangehen.

Bedingt durch die fehlenden Möglichkeiten der FE-Prozeßsimulation und nicht zuletzt wegen fehlender experimenteller Kennwerte gingen bisherige Werkzeuguntersuchungen im allgemeinen nur von vereinfachten Innendruckmodellen aus, vgl. Bild 2.2. Diese sahen entweder nur eine konstante, hydrostatische Verteilung vor oder konnten, da sie auf der Methode der oberen Schranke beruhen, in erster Näherung nur den quasi-stationären Bereich des Umformvorgangs berücksichtigen.

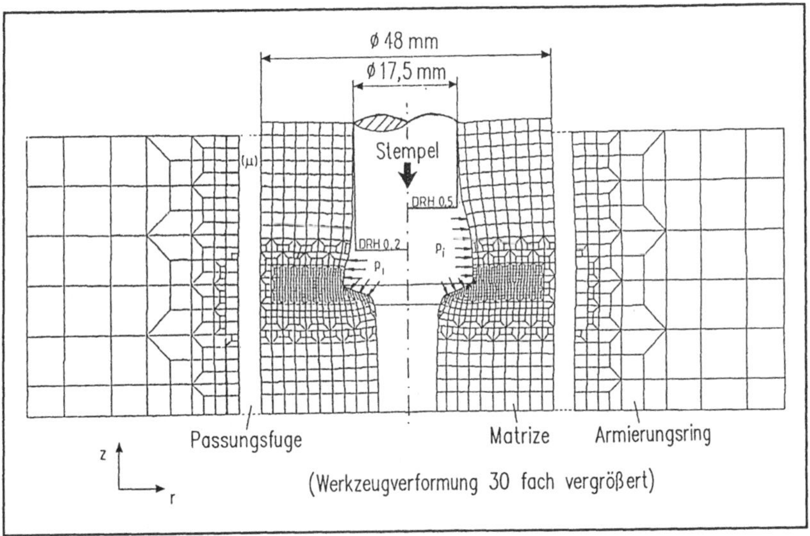



**Bild 5.5:**     FE-Modell der Fließpreßmatrize

Eine wesentliche Verbesserung der Ergebnisqualität ist daher von den Randwerten aus der Stoffflußsimulation zu erwarten, mit der sich neben dem quasi-stationären Bereich auch die Innendruckverteilung für die instationären Bereiche der Umformung, wie z.B. den Anpreßvorgang, berechnen läßt. Darüberhinaus liefert die Stofflußsimulation neben der Normaldruckverteilung auch die Verteilung der lokalen Schubkomponente, die sich als Folge des Reibkontaktes der beiden Prozeßpartner Werkstück und Werkzeug einstellt.

**Bild 5.6** zeigt dazu als Beispiel die Ergebnisse der Stofflußsimulation für den instationären Bereich eines Fließpreßvorgangs. Dargestellt ist der Werkstofffluß nach den Belastungsinkrementen 20, 40 und 60 der Simulationsrechnung. Der simulierte Stempelweg bei dieser Berechnung betrug 2mm und wurde mit Inkrement 67 erreicht. Zum Einsatz kamen axialsymmetrische, quadratische 4-Knoten-Elemente, die sich für die Stofflußsimulation als äußerst robust erwiesen haben. Aufgrund der Rotationssymmetrie genügte es, zur Vereinfachung nur eine Hälfte des Umformvorgangs zu modellieren. Zur weiteren Vereinfachung wurden das Werkzeug als starr angenommen und die formgebende Werkzeugoberfläche stellvertretend mittels eines ortsfesten Linienzugs modelliert. Die Oberflächenreibung in der Umformzone wurde mittels des in ABAQUS implemetierten Coulombschen Reibansatzes berücksichtigt. Hierzu wurde für den Reibkoeffizient $\mu$ in erster Näherung ein konstanter Wert mit $\mu=0.08$ entlang der Oberfläche festgelegt.

Zur Definition des elastisch-plastischen Materialverhaltens des Werkstückwerkstoffs in der Simulationsrechnung wurde der Einsatzstahl 15Cr3 zugrundegelegt, der ebenfalls Verwendung in den experimentellen Untersuchungen von *Reiss* fand. Die Fließgrenze dieses Stahls liegt bei $R_{p0.2}=585$ N/mm², sein Verfestigungsexponent $n$ bei 0,08. Auf diese Weise wurde gewährleistet, daß die Annahmen des Prozeßmodells den Randbedingungen des Experiments weitestgehend entsprachen.

**Bild 5.6:**     Ergebnis der Stoffflußsimulation des Voll-Vorwärts-Fließpressens für drei ausgesuchte Belastungsinkremente (Darstellung der Vergleichsformänderung)

## 5.2.3 Kontaktwertübertragung

Erfolgt die Simulation des Umformprozesses, ausgehend von einem starren Werkzeugmodell, wie in Bild 5.6 dargestellt, unabhängig von der Werkzeuganalyse, spricht man von einer entkoppelten Prozeßsimulation. Die Kontaktwerte in der Wirkfuge des Umformprozesses liegen dann nur auf den Oberflächennetzknoten des Werkstückmodells vor. Im Vergleich zur gekoppelten Analyse, bei der die Berechnung von Stofffluß und Werkzeug zeitgleich in einem Gesamtmodell d.h. gekoppelt erfolgt, ist der numerische Berechnungsaufwand weitaus geringer. Bei der einfachen Stoffflußsimulation wird daher bevorzugt mit starren Werkzeugmodellen gearbeitet.

Für die weiterführende Versagenssimulation birgt die entkoppelte Werkstück-Werkzeuganalyse allerdings den entscheidenden Nachteil, daß die prozeßzeitabhängigen Kontaktwerte wie Normalspannungen, Reibschubspannungen und Gleitwege etc. nur als inkrementelle Ergebnisse des Belastungsvorgangs auf der Werkstückoberfläche vorliegen. Für die anschließende Werkzeuganalyse müssen sie daher noch in einem weiteren Schritt auf die Werkzeugoberfläche des Simulationsmodells übertragen werden /95/. Diese Funktion,d.h. die Bereitstellung der Beanspruchungsgeschichte an den Oberflächenknoten des Werkzeugmodells - im folgenden vereinfacht Kontaktwertübertragung genannt - wird für den Programmbaustein WERKZEUGVERSAGEN durch einen speziellen Modul KONTAKT wahrgenommen, vgl. **Bild 5.2** /96/.

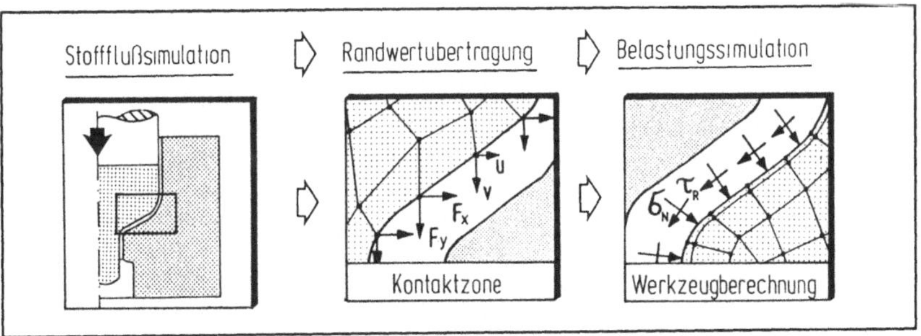


**Bild 5.7:**     Schematische Darstellung zur Vorgehensweise der Kontaktwertübertragung bei der entkoppelten FE-Analyse von Werkstück und Werkzeug.

Die primäre Aufgabe des Kontaktmoduls ist der Transfer der Kontaktdaten von den Oberflächenknoten des sich bewegenden Werkstücks auf die ortsfesten Randpunkte des Werkzeuges. Die wichtigsten Daten hierbei sind die Knotenkräfte $F_x$ und $F_y$ sowie die Verschiebungen $u$ und $v$ im globalen Koordinatensystem des Simulationsmodells, **Bild 5.7**.

Anhand der Oberflächennormalspannung $\sigma_N$ läßt sich der Übertragungmechanismus gut veranschaulichen. Hierzu wird zunächst die Übertragung für einen bestimmten Zeitschritt $t_k$ betrachtet, der durch den Lastschritt der Simulationsrechnung vorgegeben ist. Durch Transformation auf die lokalen Oberflächenkoordinaten werden im ersten Schritt aus den globalen Knotenkräften $F_x$ und $F_y$ des Oberflächenknotenpaares $x_j,y_j$ und $x_{j+1},y_{j+1}$ die lokalen Knotenkraftkomponenten $F_N$ und $F_R$ berechnet. Durch Interpolation und Bezug auf die Elementfläche $A$ des eingeschlossenen Oberflächenelements kann daraus die lokal wirkende Oberflächenkomponente der Normal und Schubspannung berechnet werden. Dieser Spannungswert stellt dann den Ortswert der Innendruckverteilung dar. Er kann, als Folge des herrschenden Kräftegleichgewichts, unmittelbar auf die gegenüberliegende Seite der Kontaktzone d.h. die Werkzeugoberfläche transferriert werden. Die Rückrechnung in eingeprägte Knotenkräfte an den Referenzpunkte der Werkzeugoberfläche ist, falls erforderlich, auf dem umgekehrten Wege realisierbar.

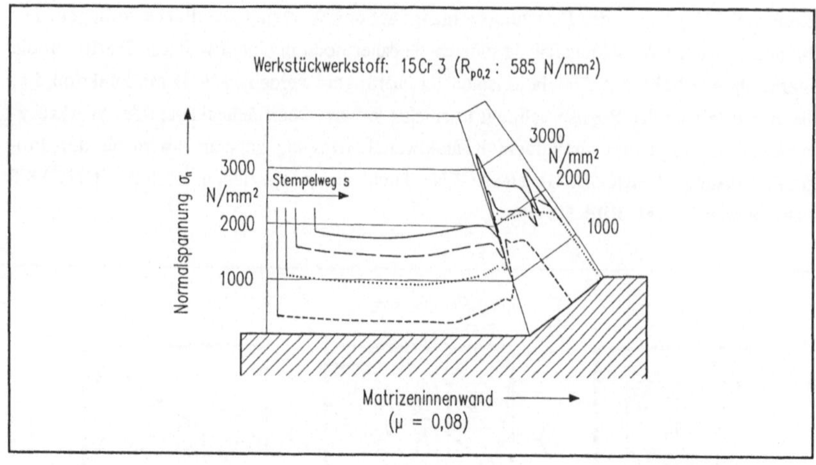



**Bild 5.8:**   Normalspannungsverlauf $\sigma_N$ entlang der Matrizeninnenwand als Ergebnis der Stoffflußsimulation beim Fließpressen

Der zusammenhängende Verlauf der Innendruckverteilung entlang der Kontaktzone für den Prozeßzeitpunkt $t_k$ ergibt sich nun durch paarweise Übertragung der Oberflächenergebnisse für das entsprechende Lastinkrement in der beschriebenen Weise. Die vollständige Belastungsgeschichte schlußendlich, als Abfolge aller Lastinkremente des Umformprozesses, **Bild 5.9**, steht an allen Knoten der Werkzeugoberfläche zur Verfügung, wenn der Übertragungsalgorithmus für alle Zeitschritte $t_k$ der Simulationsrechnung abgearbeitet wurde.

**Bild 5.8** zeigt hierzu exemplarisch als Ergebnis einer Kontaktwertübertragung die Normalspannungsverteilung entlang der abgewickelten Werkzeugoberfläche für vier Stadien des instationären Anpreßvorgangs bis zum Beginn des quasi-stationären Umformvorgangs. Die Ergebnisse der dazugehörigen Stoffflußsimulation wurden bereits in **Bild 5.6** vorgestellt.

Sind die Kontaktdaten an den Referenzpunkten der Werkzeugoberfläche verfügbar, kann daraus direkt im untergeordneten Modul VERSCHLEISS das Verschleißverhalten ermittelt werden /97/. Für die Betrachtung des Bruchverhaltens im Modul BRUCH muß jedoch zuvor noch, wie bereits angesprochen, eine zusätzliche Spannungs-Dehnungsanalyse der Werkzeugbeanspruchung mit diesen Randwerten vorgenommen werden.

In Verbindung mit dem vorgestellten Übertragungsalgorithmus stellt sich abschließend die Frage, warum eine direkte Übertragung der Knotenkräfte ohne umständliche Transformation in Kontaktspannungen nicht möglich scheint. Die Erklärung hierfür ist, daß das Verfahren nur dann uneingeschränkt zulässig ist, falls die Knotenkräfte auf beiden Seiten der Wirkfuge auf gleichgroße Einflußflächen der Oberflächenelemente bezogen werden können. Ist die lokale Diskretisierung beider Kontaktpartner hingegen unterschiedlich, was im allgemeinen der Fall ist, ist die Lösung des Kräftegleichgewichts mit einfachen Mitteln der Mechanik nicht mehr möglich. Der Umweg über die Kontaktspannungen ist daher weitaus praktikabler, wenngleich auch eine geringfügige Verletzung der Kräftebilanz als Folge von Interpolationsfehlern unvermeidlich ist. Durch Wahl einer geeigneten Modellpaarung - d.h. die Elementkanten sollten das Verhältnis 1/3 nicht wesentlich unterschreiten - ist dennoch eine ausgezeichnete Ergebnisgenauigkeit mit maximalen Abweichungen von 1-2% erzielbar /95/.

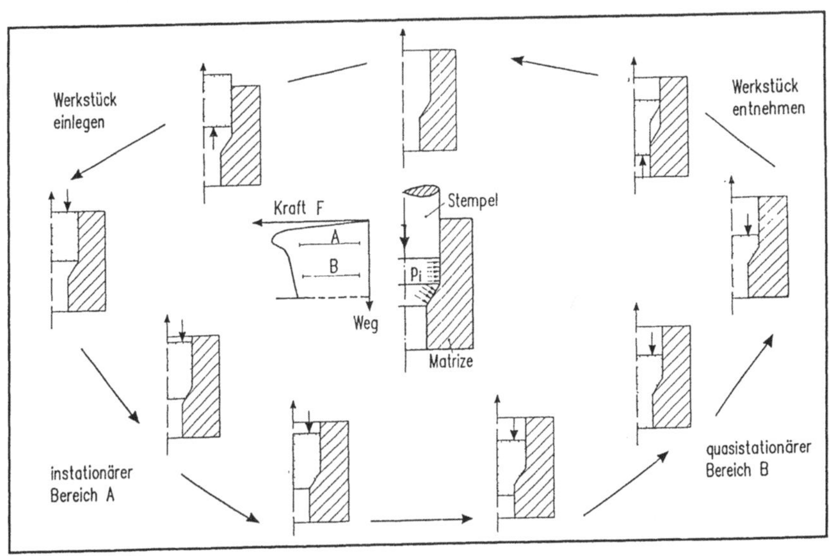


**Bild 5.9:**  Schematische Darstellung verschiedener Lastschritte des Belastungszyklus eines Fließpreßvorgangs

### 5.2.4 Abstraktion des Umformprozesses

Für die Simulation des Rißwachstums spielt der dynamische Belastungsablauf des Werkzeugs während eines Preßzyklus eine entscheidende Rolle. Die Spannungs-Dehnungsverteilung im anrißkritischen Radiusbereich sowie im gesamten Matrizenquerschnitt wird nicht nur wesentlich durch Modellgeometrie, Vorspannungszustand und Art der Innendruckverteilung, sondern auch maßgeblich durch die mit dem Stempelweg verbundene unterschiedliche Matizenfüllung während des Fließpreßvorgangs, beeinflußt. Das sich daraus ableitende dynamische Problem mit überlagerter Zug- und Schubbeanspruchung im Werkzeugquerschnitt ist hinsichtlich Rißwachstumssimulation ohne Vereinfachung mit herkömmlichen Mitteln der Bruchmechanik kaum zu lösen.

Mit Blick auf die erforderlichen Rechenzeiten ist es darüberhinaus auch wenig sinnvoll, die Werkzeugbeanspruchung für alle übertragenen Lastschritte der Stoffflußsimulation zu ermitteln - hierzu können für einen Fließpreßvorgang je nach Modellwahl weit über 200 Inkremente notwendig werden-, da für die Versagensanalyse nur die Maxima und Minima des Belastungszyklus ausschlaggebend sind. Es gilt daher, eine gezielte Vorauswahl der belastungskritischen Prozeßstadien vorzunehmen und den ursprünglich dynamischen Prozeßablauf durch eine vereinfachte Abfolge versagensrelevanter Lastschritte zu abstrahieren, **Bild 5.9**.

Der große Vorteil, der sich aus dieser Vorgehensweise ergibt, liegt darin, daß die anfallenden Momentaufnahmen des kontinuierlichen Vorgangs nun unabhängig mit Hilfe einfacher statischer FE-Berechnungen analysiert und im Anschluß über den Gesamtvorgang interpoliert werden können. Die Simulation des Voll-Vorwärts-Fließpressens beispielsweise wurde mit Hilfe der Werkzeugbelastung der folgenden Schritte dargestellt: Einlegen und Anpressen des Rohlings, beginnender instationärer Fließpreßvorgang, fünf stationäre Fließpreßstadien und leere Matrize unter reiner äußerer Vorspannung. **Bild 5.10** zeigt hierzu exemplarisch den vereinfachten Prozeßablauf.

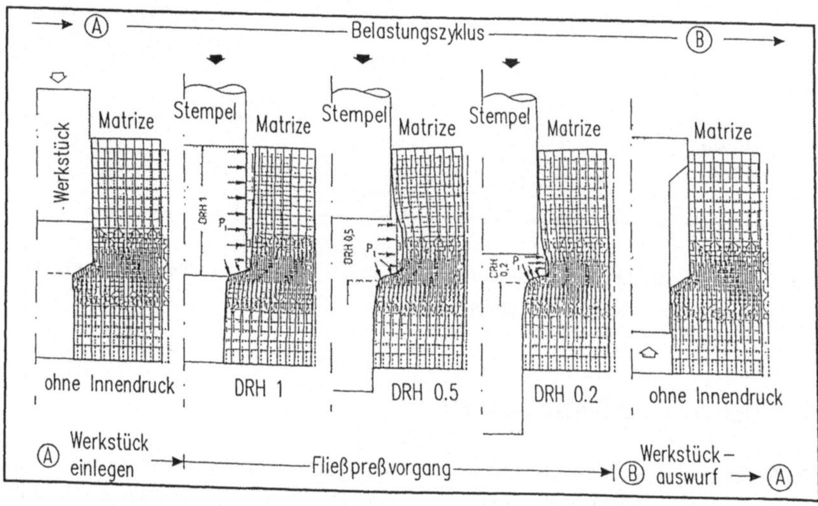


**Bild 5.10:**    5 charakteristische Vorgangsstadien beim Voll-Vorwärts-Fließpressen zur FE-Analyse eines kompletten Belastungszyklus

## 5.2.5 Berechnung der Werkzeugbeanspruchung

Aufgrund der extremen Werkzeugbeanspruchung kommt es, wie bereits in **Bild 5.10** zu sehen, zu einer beträchtlichen Werkzeugauffederung, die sich insbesondere im Bereich des Übergangsradius zur Fließpreßschulter in einer sehr hohen Spannungskonzentration äußert. Für die Gewaltbruchanalyse der gesamten Werkzeugauslegung ist hierbei der Moment maximaler Werkzeugbelastung, d.h. im allgemeinen der Zustand maximaler Matrizenfüllung, von großem Interesse. **Bild 5.11** zeigt in diesem Zusammenhang die Spannungskonzentration der Axial- und Schubspannungskomponente im Übergangsradius für das Belastungsmaximum ($DRH=1$, $p_i=1800N/mm^2$ const.).

Für die Ermüdungsbruchanalyse hingegen interessiert vielmehr die zyklische Werkzeugbeanspruchung. Als Folge der dynamischen Prozeßbelastung verformt sich das Werkzeug kontinuierlich und verursacht dadurch eine dynamisch wechselnde Spannungs-Dehnungsbeanspruchung des Werkzeugquerschnitts. In **Bild 5.12** ist die entsprechende, zeitabhängige Veränderung der Axialspannungs- und Schubspannungskomponente im Oberflächenbereich des Übergangsradius dargestellt. Die abgebildeten Spannungsverläufe entsprechen den Lastschritten der Simulation aus **Bild 5.10**. Sie zeigen deutlich die Schwingbreite der Oberflächenbeanspruchung in diesem stark anrißgefährdeten Werkzeugbereich.

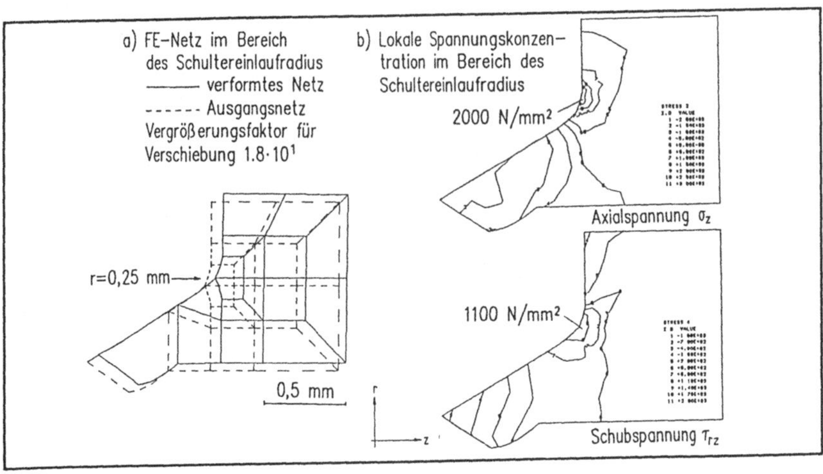


**Bild 5.11:** Überlagerte Spannungskonzentration aus Zug und Schub im Bereich des Übergangsradius zur Fließpreßschulter

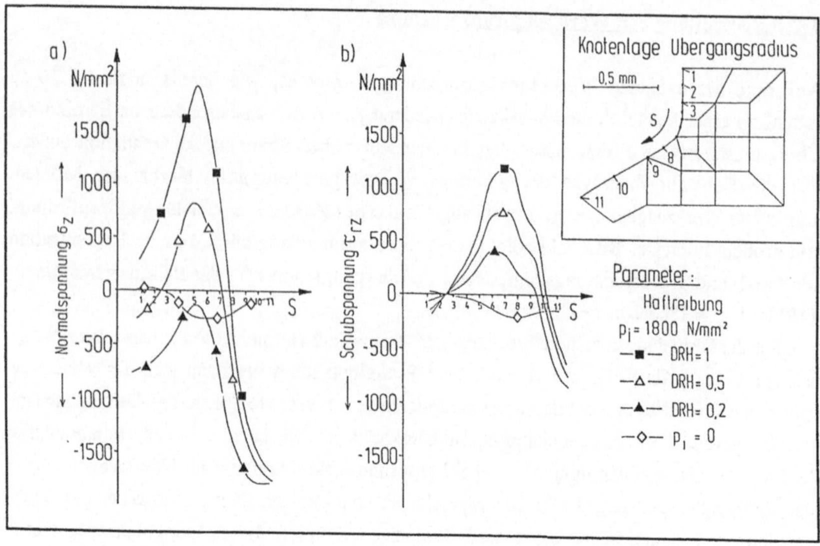



**Bild 5.12:**  Verlauf der Oberflächenspannung entlang des Übergangsradius für verschiedene Zeitpunkte des Umformprozesses: a) Axialspannung, b) Schubspannung

An dieser Stelle sei nochmals ausdrücklich darauf hingeweisen, daß die bisher übliche Vorgehensweise der Werkzeugbetrachtung, ausgehend von der statischen Werkzeuganalyse unter Vernachlässigung der Wechselbelastung, mit Blick auf die Werkzeugermüdung zu keinem Erfolg führen kann. Sie eignet sich höchstens für eine überschlagsmäßige Beurteilung der Gewaltbruchneigung. Es ist nun die Aufgabe geeigneter Versagenskonzepte, die numerisch ermittelten dynamischen Beanspruchungsverhältnisse in Form eines Schädigungsprozesses bis zum Bauteilversagen zu interpretieren /98/. Die entsprechenden Simulationsalgorithmen der **Gewaltbruch-** bzw. **Überlastungsanalyse** sowie der anschließenden **Rißausbreitungssimulation** sind die Kernbestandteile des Programmoduls BRUCH.

# 6. Simulation des Werkzeugversagens durch Gewalt- und Ermüdungsbruch

## 6.1 Funktionsweise des Programmoduls BRUCH

Eine grundlegende Anforderung an die Simulation des Bruchversagens von Umformwerkzeugen ist die Überprüfung der Werkzeugkonstruktion gegen die mögliche Gewaltbruch- bzw. Ermüdungsbruchgefahr. Für beide Versagensarten müssen seitens des Simulationsprogramms geeignete Programmroutinen zur Verfügung gestellt werden.

Im Programmodul BRUCH übernimmt die Überlastungsanalyse der Werkzeugauslegung hinsichtlich Gewaltbruchversagen der Programmteil GEWALT. Der Ermüdungsbruch wird durch schrittweise Simulation der Rißausbreitung mit Hilfe der Programmroutine RISSAUS untersucht. Dies gelingt aufbauend auf den Berechnungsergebnissen der FE-Werkzeuganalyse in Kombination von FE-Analyse und Bruchmechanik durch den wiederholten Simulationszyklus der inkrementellen Rißverlängerung und schrittweisen Neuberechnung des wachsenden Risses im Werkzeugmodell. Die Information über den Beginn der Rißausbreitung an der Werkzeugoberfläche, d.h. der Rißeinleitung als dem ersten Rißausbreitungsinkrement, wird mittels der Routine RISSEIN bereitgestellt. Auf diese Weise kann in mehreren Wachstumsschritten das Rißausbreitungsverhalten des Risses im Werkzeugquerschnitt bis zum Bruch simuliert werden /22,98/.

Der Programmalgorithmus zur Simulation des Bruchversagens muß demnach folgende Programmschritte aufweisen:

- die Überlastungs- und Gewaltbruchanalyse (Routine **GEWALT**), gefolgt von
- der Analyse des Ermüdungsrißbeginns und der dynamischen Mikrorißbeurteilung an der Werkzeugoberfläche (Routine **RISSEIN**), gefolgt von der n-fachen Wiederholung
- der inkrementellen Rißausbreitungssimulation bis zum Werkzeugbruch (Routine **RISSAUS**).

Die folgenden Kapitel sollen nun kurz anhand einiger Beispiele auf die einzelnen Simulations- und Programmschritte bei der automatischen Rißausbreitungssimulation eingehen. **Bild 6.1** zeigt hierzu im Vorgriff auf die weiteren Ausführungen einen Überblick über das Konzept des entwickelten Programmalgorithmus für den Bruchmodul.

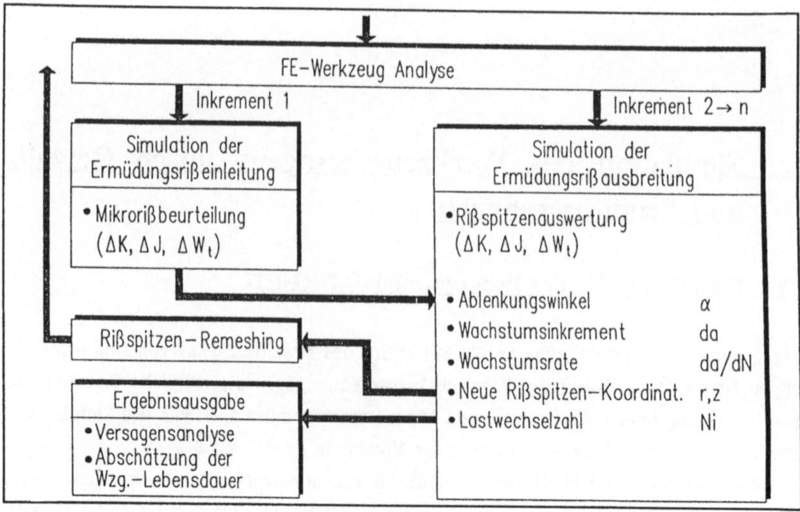



**Bild 6.1:**     Konzept des Rißausbreitungsalgorithmus für den Bruchmodul

## 6.1.1 Überlastungsanalyse zur Gewaltbruchüberprüfung

Neben der Lokalisierung überlastungsgefährdeter Werkzeugbereiche interessiert für das erste Berechnungsinkrement des Programmoduls BRUCH primär die Betriebssicherheit oder in anderen Worten die Versagensgefahr der betrachteten Werkzeugauslegung. Die Versagensgefahr läßt sich - mit abnehmendem Beanspruchungsgrad - überschlagsmäßig in drei Gruppen einteilen:

- **Gewaltbruchgefahr**: Überlastung bereits bei einmaligem Umformvorgang
- **Anrißgefahr** und Gefahr des Ermüdungsrißwachstums: Werkzeugermüdung
- **keine Anrißgefahr**: konservative Werkzeugauslegung

Die Detektion der Belastungsmaxima - hierbei interessieren vor allem die Zugspannungsmaxima - wie auch die Abschätzung der Gewaltbruchneigung wird für den Modul BRUCH von der Programmroutine GEWALT übernommen.

Die Berechnung der erforderlichen Bruchmechanikkennwerte an einer glatten Bauteiloberfläche ohne Kerbwirkung oder Beeinflussung durch einen bereits existierenden Anriß ist aber alleine mit Hilfe der linear-elastischen Bruchmechanik nicht möglich. Die Untersuchung der Gewaltbruchgefahr im Bruchmechanikmodell, wie auch die darauf folgende Überprüfung der Anrißgefahr bei zyklischer Oberflächenbelastung, setzt daher die Vorgabe eines Mikrorisses der Länge $\delta a$ als Starterkerbe an der betrachteten Oberfläche voraus. Die entsprechenden Ansatzfunktionen zur analytischen Betrachtung von Oberflächenrissen bei Vorgabe einer bestimmten Anrißtiefe $a_i$ wurden mit Gl.(4.6a,b) und Gl.(4.7) vorgestellt.

Bei Umformwerkzeugen kann im allgemeinen aber fertigungs- oder werkstoffbedingt von der Existenz derartiger Mikrooberflächenrisse in der Größenordnung zwischen 0,1 und 0,01 mm ausgegangen werden /49/. Es scheint daher auch gerechtfertigt, auch für das FE-Modell einen fiktiven Oberflächenriß an der Stelle maximaler Oberflächenbeanspruchung anzunehmen, **Bild 6.3**. Ausgehend von diesem Anriß können nun mittels der gemischten Lösungsmethode - d.h. der mit Hilfe der analytischen Bruchmodelle der LEBM und den FE-Ergebnissen der Werkzeugoberflächenanalyse - die benötigten Parameter für die Anriß- bzw. Gewaltbruchüberprüfung bestimmt werden.

Zur Beurteilung der statischen Überlastungsgefahr werden die Knoten der Werkzeugoberfläche für sämtliche Belastungsschritte abgescannt und die lokalen wie auch zeitlichen Maxima der Oberflächenspannungskomponenten ermittelt. Um sicherzustellen, daß die anfängliche FE-Diskretisierung der belastungskritischen Werkzeugpartie zur Erfassung von möglichen Spannungskonzentrationen fein genug gewählt wurde, findet vor der eigentlichen Bruchmechanikanalyse im Programmteil GEWALT eine zusätzliche Überprüfung der Netztopologie statt. Überschreitet der vorliegende Spannungsgradient an den Oberflächenelementen des Belastungsmaximums einen bestimmten Grenzwert, der durch den Benutzer vorgegeben werden kann, sollte eine Neuvernetzung des betreffenden Bereichs vorgenommen und ein erneuter FE-Berechnungsdurchgang durchgeführt werden. Ist die Diskretisierung des Oberflächennetzes jedoch ausreichend, d.h. Spannungsspitzen der Oberflächenbeanspruchung werden mit Sicherheit erfaßt, kann die Gewaltbruchanalyse gestartet werden.

Für die aufgefundenen absoluten Belastungsmaxima der Werkzeugoberfläche werden anhand der vorliegenden Belastungswerte wie der vorgegebenen Mikrorißtiefen mittels der kritischen Spannungsintensität $K_{Ic}$ eine Beurteilung der Gewaltbruchneigung in Axial- sowie in Tangentialrichtung durchgeführt. Zur Anwendung kommen hierbei die in Kapitel 4 vorgestellten Versagenskriterien des K-Faktor-Konzepts für den statischen Belastungsfall Gl.(4.20) bzw. Gl.(4.23). Überschreitet demnach bei der herrschenden Belastung eine der beiden vorgegebenen Anrißlängen $a_i$ die kritische Rißtiefe $a_{kr}$, kommt es zum spontanen Gewaltbruch.

**Bild 6.2** zeigt in diesem Zusammenhang den Verlauf der kritischen Rißtiefe in Abhängigkeit von der lokalen Oberflächenzugspannung $\sigma_0$ für den Kaltarbeitsstahl X155CrMoV121 ($K_{Ic}$ = 580N/mm$^{3/2}$, 56 HRC /20/). Es ist zu erkennen, daß bei diesem gebräuchlichen, hartspröden Werkzeugwerkstoff und den typischerweise bei Kaltfließpreßwerkzeugen anzutreffenden Oberflächenbelastungen von über 2000 N/mm², vgl. **Bild 2.3** und **Bild 5.11**, bereits Oberflächenanrisse in der Größenordnung von $> 15\mu$m zum spontanen Gewaltbruch führen können. Da derartige Mikrorisse jedoch, je nach der Güte des gewählten Bearbeitungsverfahrens, durchaus im Rahmen der zu erwartenden Oberflächenfehler liegen - dies trifft insbesondere auf die mikrorißbehaftete Randzone erodierter Flächen zu /16/ - ist bei der Werkzeugherstellung ein spezielles Augenmerk auf eine ausreichende Oberflächennachbearbeitung zur Entfernung dieser Fehlstellen zu legen /21,75/.

Liefert die Überlastungsanalyse einen negativen Befund, d.h. für den vorgegebenen Mikroriß droht bereits während der ersten Belastungszyklen der Gewalt- bzw. Überlastbruch, wird die Simulation mit einer entspechenden Warnung abgebrochen und eine Verbesserung der Werkzeugauslegung empfohlen. Besteht hingegen keine Überlastungsgefahr, muß nachfolgend eine gesonderte Überprüfung des fiktiven Oberflächenanrisses hinsichtlich seiner Rißausbreitungsfähigkeit bei zyklischer Oberflächenbeanspruchung, d.h. einer Überschreitung der kritischen Initiierungsrißtiefe $a_i$ (**Bild 6.2**), vorgenommen werden. Hierzu übergibt der Programmalgorithmus automatisch an die Programmroutine RISSEIN.

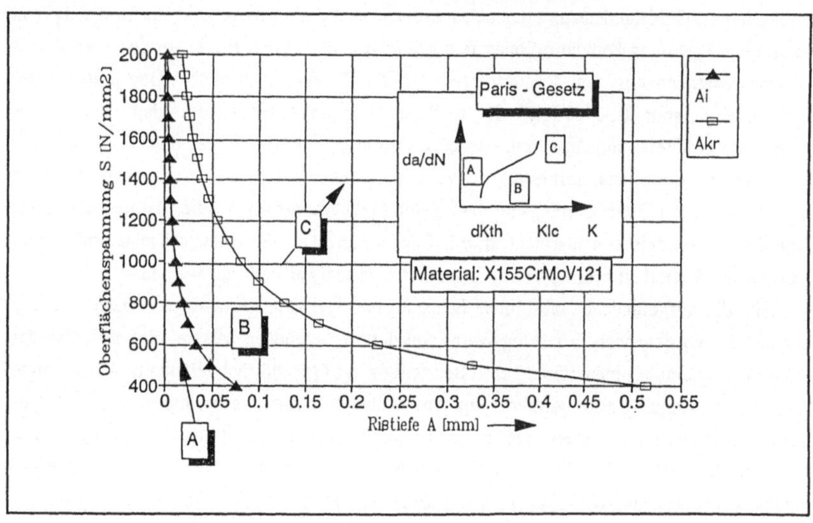


**Bild 6.2:** Abhängigkeit der krit. Anrißtiefe $a_{kr}$ (Gewaltbruch) und $a_i$ (Rißinitiierung) für den Kaltarbeitsstahl X155CrMoV121 ($K_{Ic}$=580N/mm³/², $dKth$=210N/mm³/², 56HRC)

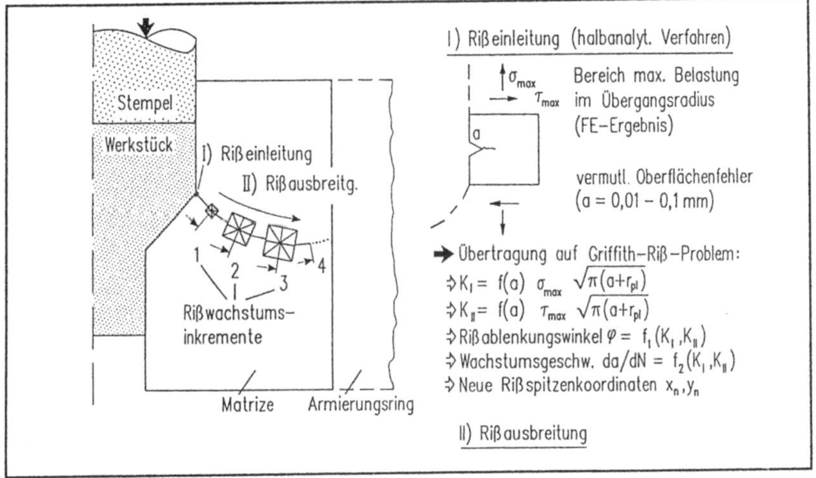



**Bild 6.3:** Rißeinleitung: Betrachtung eines Oberflächenfehlers im Bereich max. Oberflächenbeanspruchung als analytisches Rißproblem

## 6.1.2 Überprüfung des Ermüdungsrißbeginns

Birgt ein Mikroriß an der Oberfläche keine Gewaltbruchgefahr für die Werkzeugauslegung, ist damit allerdings noch nicht gewährleistet, daß der Anriß nicht den Ausgangspunkt für einen eventuellen Ermüdungsriß darstellt. Es gilt daher auch die Gefährlichkeit der dynamischen Oberflächenbeanspruchung für den fiktiven Oberflächenriß mit Blick auf den Beginn des Ermüdungsrißwachstums zu überprüfen. Die graphische Darstellung der Anrißgefährdung der Werkzeugoberfläche in Abhängigkeit der lokalen Beanspruchung zeigt **Bild 6.2**. Das Versagenskriterium hierfür steht mit der Beziehung aus Gl.(4.27) zur Verfügung:

- ist die zyklische Beanspruchung größer als die Bruchzähigkeit $K_{Ic}$, ist instabiles Wachstum d.h. Gewaltbruchinitiierung zu befürchten (dieser Fall wurde jedoch bereits durch die Überlastungsanalyse ausgeschlossen, da das zyklische Zugspannungsmaximum sich im allgemeinen nicht von dem statischen unterscheidet);
- unterschreitet die lokale Beanspruchung den Ermüdungsschwellwert $dK_{th}$ und damit eine kritische Initiierungsrißtiefe $a_i$, ist nicht mit der Bildung eines Ermüdungsrisses zu rechnen;
- liegt die lokale Oberflächenbeanspruchung zwischen beiden Grenzwerten, ist der betrachtete Oberflächenanriß ausbreitungsfähig und führt zum Beginn des Ermüdungsrißwachstums.

Sind die Bedingungen für die Rißinitiierung an der Werkzeugoberfläche erfüllt, erfolgt in der Programmroutine RISSEIN die Simulation der Ermüdungsrißeinleitung.

Die Routine RISSEIN liefert für den fiktiven Anriß $\delta a$ und die errechnete Oberflächenbeanspruchung mit Hilfe der analytischen Oberflächenrißmodelle einen zyklischen Vergleichsspannungsintensitätsfaktor $\Delta K_v$, Gl.(4.33), sowie den voraussichtlichen makroskopischen Winkel der Rißeinleitung in bezug auf die Oberflächennormale, Gl.(4.25), **Bild 6.3**. Durch Vorgabe des ersten Ausbreitungsinkrementes $da_1$ können auf diese Weise die Rißspitzenkoordinaten des Wachstumsinkrementes für die Rißeinleitungsphase ermittelt werden, **Bild 6.1**. Die Generierung des Rißeinleitungsinkrementes $da_1$ erfolgt automatisch in Abhängigkeit von der lokalen Oberflächenbeanspruchung. Durch diese Maßnahme wird gewährleistet, daß bei sehr steilen Spannungsgradienten (vgl. **Bild 6.11**) keine zu großen Inkrementlängen gewählt werden, die grobe Simulationsfehler verursachen könnten, vgl. Gl.(6.1).

Soll im Anschluß an die Rißinitiierungsphase der Rißfortschritt explizit im FE-Modell verfolgt d.h. die Rißausbreitung schrittweise simuliert werden, besteht der abschließende Schritt der Rißeinleitungssimulation nun darin, den neu entstandenen Anfangsriß mit in das FE-Modell einzubringen. Hierzu muß das bestehende Modell modifiziert und der Bereich des Rißpfades neu modelliert werden. Die Rißspitze wird in diesem Zusammenhang mit einer speziellen, fächerförmigen FE-Netzkonfiguration umgeben, die in Abschnitt 4.5.2 *'FE-Diskretisierung der Rißspitzenumgebung'* vorgestellt wurde. Sie erlaubt für die nachfolgende FE-Analyse eine sehr gute numerische Auswertung der charakteristischen Spannungs-Dehnungsfelder in der Rißspitzenumgebung und stellt die Ausgangswerte für das anschließende Simulationsinkrement des Rißwachstums in der Routine RISSAUS bereit, **Bild 6.3**.

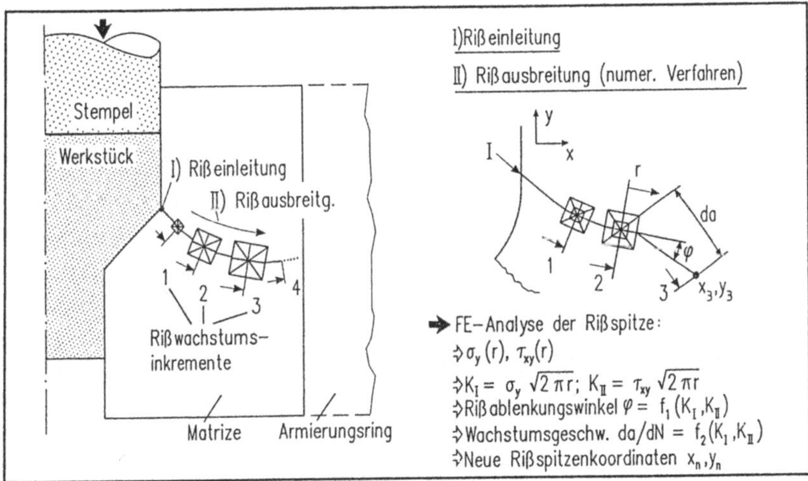



**Bild 6.4:**   Inkrementelle Vorgehensweise zur Simulation der Ermüdungsrißausbreitung

### 6.1.3 Simulation der Rißausbreitung

Im folgenden soll nun ein kurzer Abriß über die Arbeitsweise und die Berechnungsschritte des Programmmoduls RISSAUS bei der inkrementellen Simulation des Rißfortschrittes gegeben werden. **Bild 6.4** zeigt dazu das Konzeptschema der in den Modul BRUCH implementierten Programmroutine RISSAUS.

Die Rißausbreitungssimulation im FE-Werkzeugmodell wird durch spezielle Bruchmechanikanalyse eines FE-Rißspitzennetzes und anschließender schrittweiser Verschiebung der Rißfront im FE-Modell erreicht, vgl. **Bild 6.5**. Die einzelnen Simulationsschritte gliedern sich hierbei wie folgt:

- FE-Berechnung der Werkzeugbeanspruchung für alle ausgewählten Belastungsschritte des Umformprozesses,
- Koordinatentransformation der resultierenden Spannungs-Dehnungsfelder der Rißspitzenstruktur auf das lokale Koordinatensystem des geneigten Risses,
- Numerische K-Faktor-Bestimmung aus den Ergebnissen des Rißspitzennahfeldes für die einzelnen Belastungsschritte,
- Ermittlung der zyklischen Rißspitzenbeanspruchung durch Interpolation der einzelnen Belastungsschrittergebnisse,
- Bestimmung der neuen Rißspitzenkoordinaten durch Festlegung der Rißausbreitungsrichtung und der Länge des folgenden Ausbreitungsinkrementes,

- Bestimmung der Wachstumsgeschwindigkeit aus der zyklischen Rißspitzenbeanspruchung und Ermittlung der benötigten Lastwechselzahl zum Rißfortschritt im betrachteten Inkrement,
- Abbruch der Simulation oder Verlängerung des Risses im FE-Modell und Neuvernetzung der veränderten Rißgeometrie,
- Neuberechnung des Werkzeugmodells mit fortgeschrittenem Ermüdungsriß.

Die erste Aufgabe der Simulation ist die schrittweise Werkzeuganalyse der analysierten Momentaufnahmen des Belastungszyklus, vgl. **Bild 5.10**. Sie liefert für jeden Belastungsschritt die vorgangsabhängige Beanspruchung der Rißspitzenzone. Die entwickelte FE-Rißspitzenstruktur erlaubt dabei eine sehr genaue Analyse der Spannungs-Dehnungsfelder des Rißspitzennahbereichs. In **Bild 6.5** sind in diesem Zusammenhang die Ergebnisse der FE-Analyse eines Werkzeugmodells für das zweite Wachstumsinkrement gezeigt; Teilbild a) verdeutlicht die FE-Diskretisierung der Rißspitzenumgebung, Teilbild b) zeigt die Spannungsverteilung nach v.Mises im Rißbereich für die belastete Matrize.

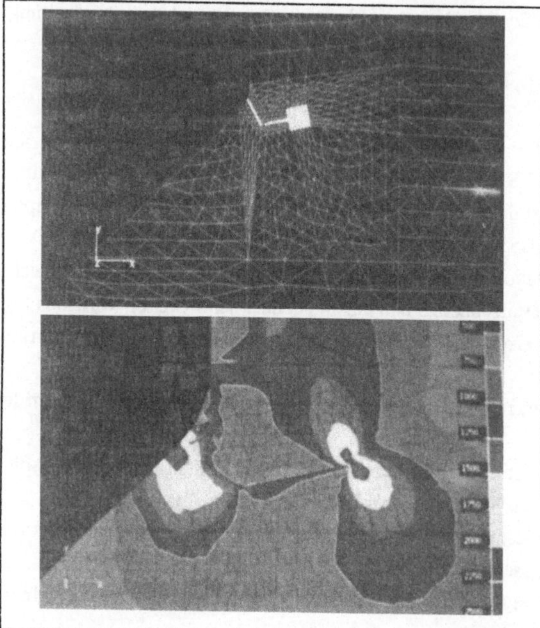

**Bild 6.5:** FE-Analyse eines Werkzeugmodells zur Ermittlung des Ermüdungsrißwachstums
a) FE-Diskretisierung der Rißumgebung
b) Spannungsverteilung nach v.Mises im Rißbereich unter Innendruckbelastung

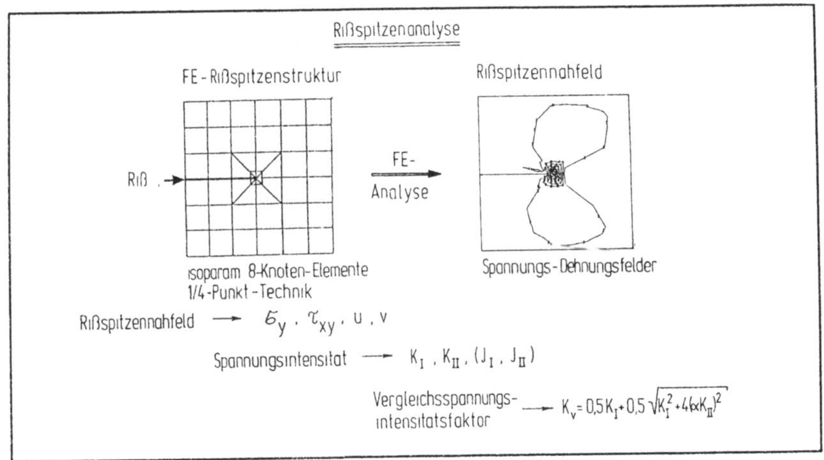



**Bild 6.6:** FE-Analyse und Auswertung der Rißspitzenumgebung zur Bestimmung der Spannungsintensitätsfaktoren

Die zum aktuellen Zeitpunkt $t_k$ herrschenden Spannungsintensitäten $(K_I, K_{II})_k$, als Maß der temporären Rißspitzenbeanspruchung, werden in der Routine WACHSTUM numerisch aus den vorliegenden FE-Ergebnissen berechnet. Die Arbeitsweise der dazugehörigen Unterroutinen KFAK und JINT wird in Abschnitt 4.5.3 *'Numerische Methoden der K-Faktor-Bestimmung'* eingehend erläutert. Durch Bildung des Vergleichsspannungsintensitätsfaktors $K_v$ Gl.(4.23) steht ferner eine einparametrige Vergleichsgröße der mehrachsigen Rißspitzenbeanspruchung zur Verfügung, **Bild 6.6**.

Zur Erfassung der zeitlichen Abhängigkeit des K-Faktorverlaufs müssen mittels exemplarisch für den gesamten Umformzyklus ausgewählter Belastungsschritte die Belastungsverhältnisse an der Rißspitze berechnet werden, die sich während eines Umformvorgangs kontinuierlich ändern können. Eine anschließende Interpolation ergibt die zeitliche Abhängigkeit der K-Faktoren vom gesamten Presszyklus.

**Bild 6.7** zeigt hierzu qualitativ die Änderung der Spannungsintensitäten $K_I$ und $K_{II}$ für den Mixed-Mode-Fall während eines Umformvorgangs. Demnach liegt bei der Fließpreß-matrize ein komplizierter Mixed-Mode-Belastungsfall vor. Die verantwortlichen Belastungskomponenten schwingen außerphasig, wobei zusätzlich eine Richtungsumkehr des Mode-II Anteils zu beobachten ist.

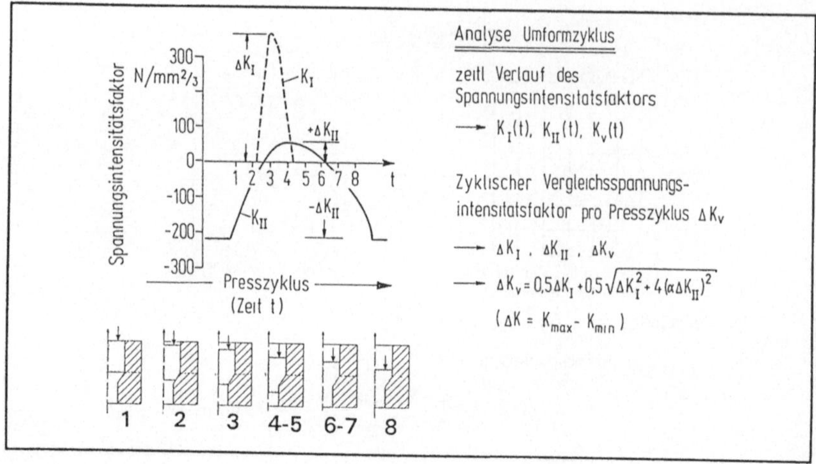


$$\Delta K_v = 0{,}5\,\Delta K_I + 0{,}5\,\sqrt{\Delta K_I^2 + 4\,(\alpha\,\Delta K_{II})^2}$$



**Bild 6.7:** Ermittlung der zeitlichen Abhängigkeit der K-Faktoren durch Analyse eines kompletten Belastungszyklus

Für die Beschreibung des Rißwachstums unter derartigen Belastungsbedingungen muß ein geeigneter Amplitudenwert der Rißspitzenbeanspruchung definiert werden. Hierfür wird der zeitliche K-Faktorverlauf eines Preßzyklus gemäß Gl.(4.33) in einem einparametrigen Vergleichswert zusammengefaßt, dem zyklischen Vergleichsspannungsintensitätsfaktor $\Delta K_v$. Diese Vorgehensweise versagt jedoch streng genommen bei außerphasiger Belastung, wenn, wie im abgebildeten Fall, die Maxima der zyklischen Belastungskomponenten nicht zeitgleich, sondern um einen bestimmten Phasenwinkel verschoben vorliegen und zusätzlich die zyklische Schubspannungskomponente eine Richtungsumkehr erfährt. Diese Problemstellung wurde in Abschnitt 4.7.4 eingehend behandelt.

Zur numerischen Lösung dieses Problems wurde eine vereinfachte Modellvorstellung des mikroskopischen Rißwachstums pro Lastwechsel entwickelt und kurz als Zwei-Phasen-Modell bezeichnet. Es besagt, daß sich ein Riß bei vorliegender Richtungsumkehr der Mode-II-Komponente als Resultierende zweier aufeinanderfolgender Wachstumsphasen ausbreitet. Der gesamte Lastzyklus wird hierzu in zwei unabhängige Lastwechselvorgänge aufgeteilt, die als getrennte Mixe-Mode-Belastungszyklen mit wechselndem Vorzeichen der Mode-II-Komponente aufgefaßt werden. Unter Zugrundelegung einer energetischen Betrachtungsweise ergibt sich die Schädigungsrate des Gesamtprozesses als Summe der anteiligen Energiefreisetzungsraten beider Wachstumsphasen. Die Rißausbreitungsrichtung hingegen ermittelt sich gemäß Gl.(4.25) aus dem Belastungsverhältnis $K_I/K_{II}$ für den Zeitpunkt maximaler Energiefreisetzungsrate des Gesamtvorgangs.

Die dem Zwei-Phasen-Modell zugrundeliegende Annahme kann jedoch nur als vereinfachte Modellvorstellung oder erster Schritt für den vorliegenden Fall außerphasiger Belastung angesehen werden und bleibt vorerst auf den Gültigkeitsbereich der LEBM beschränkt.

Unter Heranziehung der in Abschnitt 4.7 dargestellten bruchmechanischen Konzepte läßt sich nun aus der zyklischen Rißspitzenbeanspruchung in erster Näherung die Rißausbreitungsgeschwindigkeit sowie der zu erwartende Rißablenkungswinkel für jede beliebige untersuchte Rißspitzenlage bestimmen. Hiermit sind die Voraussetzungen für eine schrittweise Rißausbreitungssimulation gegeben, **Bild 6.8**.

Bei der 'freien' Simulation des Rißwachstums wird das Ausbreitungsinkrement nicht fest vorgegeben, sondern orientiert sich an den Ergebnissen der vorangegangenen Rißspitzenauswertung. Der Riß wächst durch Verschiebung der Rißspitzenstruktur um ein vorgeschlagenes Weginkrement *da* unter dem berechneten Ablenkungswinkel $\varphi$. Damit sind die neuen Rißspitzenkoordinaten für den nächsten Simulationsschritt festgelegt, **Bild 6.9**.

Das Rißwachstumsverhalten allerdings reagiert sehr empfindlich auf veränderte Spannungsbedingungen. Zu groß gewählte Weginkremente können daher schnell zu falschen Simulationsergebnissen führen. Es muß aus diesem Grund gewährleistet sein, daß die automatisch generierte inkrementelle Rißspitzenverschiebung dem sich ändernden Spannungsfeld angepaßt ist. Eine Möglichkeit besteht darin, das Inkrement *da* als Funktion *f(Grad $\sigma$,$\Delta K$)* indirekt proportional zum Spannungsgradienten des ursprünglich homogenen Ausgangsspannungsfeldes sowie zu den berechneten Spannungsintensitätsfaktoren (K-Faktoren) - als der 'treibenden Kraft' des Ausbreitungsprozesses - zu wählen, vgl. Gl.(6.1).

Liegt eine sehr hohe Rißspitzenbeanspruchung oder ein steiler Gradient des umgebenden Spannungsfeldes vor, vgl. **Bild 6.11** - d.h. es ist mit einer schnellen Änderung der Rißwachstumscharakteristik im Werkzeugquerschnitt zu rechnen - müssen kleine Ausbreitungsinkremente definiert werden, um Fehlinterpretationen der Wachstumssimulation zu vermeiden. Ist hingegen bei gleichmäßigen Belastungsverteilungen konstantes Rißwachstumsverhalten über größere Werkzeugbereiche zu vermuten, dürfen größere Inkrementlängen vorgeschlagen werden. Als günstige Bereichsgrenzen haben sich für die Simulation die Grenzwerte 0,5mm und 3mm erwiesen. Das gewählte Ausbreitungsinkrement zwischen diesen beiden Grenzwerten wird durch die folgende empirische Beziehung mit dem Ausgangswert $a_0 = 1$mm automatisch bestimmt:

$$da = \frac{6a_0}{[1+7 \cdot (\nabla \sigma_v / 1000) \cdot (1.5 \cdot \Delta K_v / K_{Ic})]} \tag{6.1}$$

Analog wird die Netzgröße der Rißspitzenstruktur bestimmt, um gegebenenfalls eine unnötig feine Diskretisierung in diesem Bereich zu vermeiden.

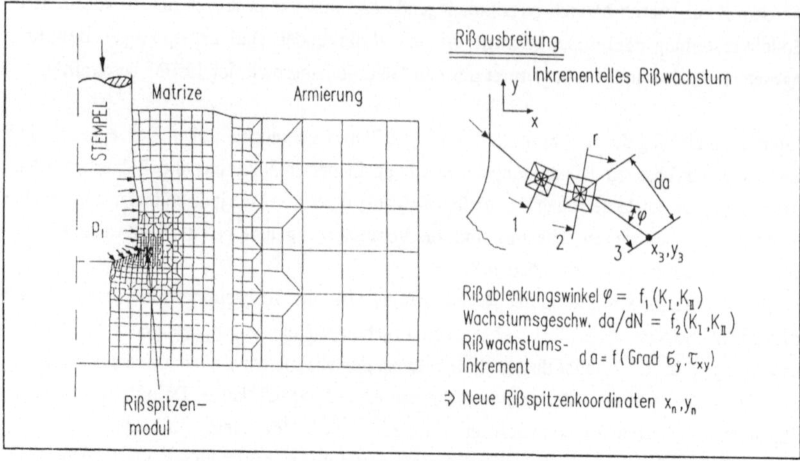


Rißablenkungswinkel $\varphi = f_1(K_1, K_{II})$
Wachstumsgeschw. $da/dN = f_2(K_1, K_{II})$
Rißwachstums-Inkrement $da = f(\text{Grad } \sigma_y, \tau_{xy})$
⇒ Neue Rißspitzenkoordinaten $x_n, y_n$

**Bild 6.8:** Rißausbreitung durch inkrementelles Wachstum: schrittweise Verschiebung und Neuberechnung der Rißspitzenstruktur

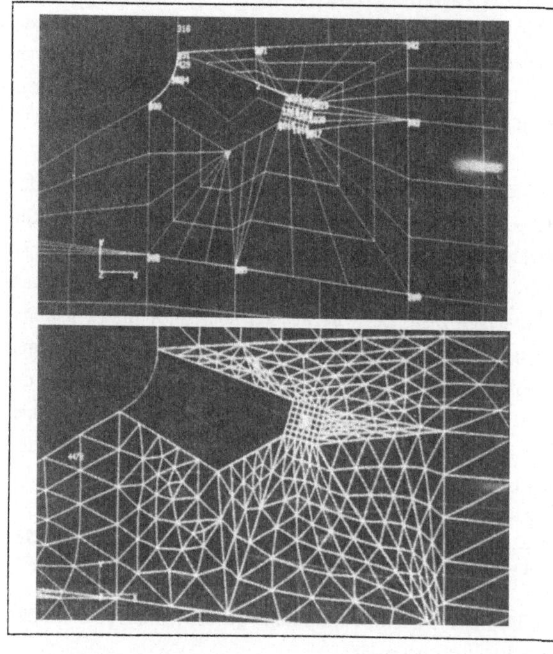

**Bild 6.9:** Stufen der FE-Netz-Generierung im Preprozessor zur automatischen Rißausbreitungssimulation des dritten Wachstumsinkrementes:
a) Positionierung der Rißspitzenstruktur an die neuen Rißspitzenkoordinaten (Geometriemodell)
b) Schrittweise Vernetzung der Rißspitzenumgebung

Der neu entstehende Rißpfad, der sich aus der Verschiebung der Rißspitzennetzkonfiguration auf die neue Position im FE-Modell ergibt, muß nun noch für den nächsten Simulationsdurchgang modelliert werden. Hierbei bietet sich die automatische Unterstützung eines Preprozessors an. **Bild 6.9** gibt hierzu als Beispiel die Neuvernetzung einer Matrize für das dritte Wachstumsinkrement; Teilbild a) zeigt die Verschiebung der Rißspitze auf die neuen Rißspitzenkoordinaten im Geometriemodell und Teilbild b) zeigt eine Zwischenstufe der schrittweisen Neuvernetzung der Rißspitzenumgebung.

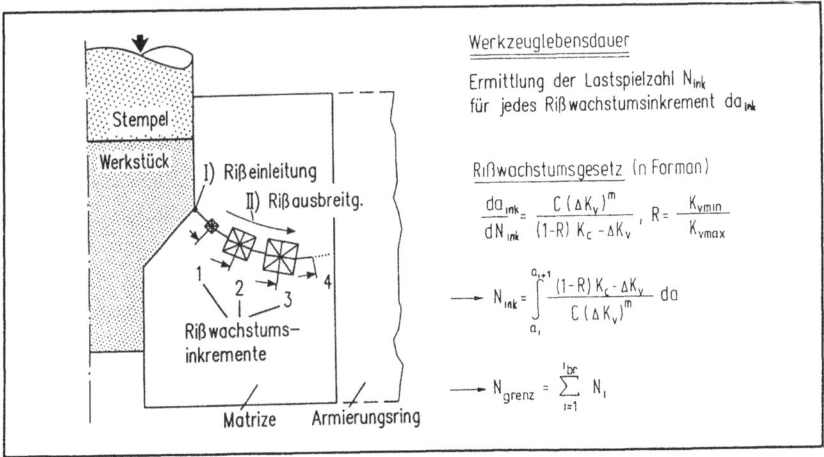


$$\frac{da_{ink}}{dN_{ink}} = \frac{C\,(\Delta K_v)^m}{(1-R)\,K_c - \Delta K_v} \quad , \quad R = \frac{K_{vmin}}{K_{vmax}}$$

$$N_{ink} = \int_{a_i}^{a_{i+1}} \frac{(1-R)\,K_c - \Delta K_v}{C\,(\Delta K_v)^m}\, da$$

$$N_{grenz} = \sum_{i=1}^{i_{br}} N_i$$

**Bild 6.10:**  Abschätzung der Werkzeuglebensdauer durch Summation der anteiligen Lastspielzahlen pro Wachstumsinkrement

Bei der Werkzeugsimulation spielt neben dem zu erwartenden Bruchverhalten die voraussichtliche Werkzeuglebensdauer eine entscheidende Rolle. Die Lebensdauer erhält man aus der Versagensanalyse für den einzelnen Umformvorgang durch Extrapolation der Werkzeugbeanspruchung auf n-fache Prozeßwiederholung. Durch Anwendung bekannter Rißwachstumsgesetze, Gl.(4.31) lassen sich die benötigten Lastspielzahlen für die einzelnen Wachstumsinkremente $da_{ink}$ näherungsweise berechnen. Da die Rißausbreitungssimulation schrittweise erfolgt, ergibt sich die Gesamtlebensdauer des Werkzeuges durch Summation der inkrementellen Lastspielzahlen $N_{ink}$ von der Rißinitiierung bis zum Versagensfall durch Restgewaltbruch, Gl.(4.29), **Bild 6.10**. Die in der Simulation ermittelte Lebensdauer kann allerdings nur Anhaltspunkte über die Größenordnung der zu erwartenden Werkzeugstandmenge liefern. Liegt die dabei errechnete Lebensdauer über der durch den Verschleiß oder die Wirtschaftlichkeitsgrenze bestimmten, ist das Werkzeug hinsichtlich Bruchversagen ausreichend dimensioniert.

Als letzte Aufgabe des aktuellen Simulationschrittes erfolgt schlußendlich die Rückführung des neuvernetzten FE-Modells an das FE-Programm für eine neuerliche FE-Berechnung sowie die Ausgabe und Darstellung der Ergebnisse mittels eines Postprozessors. Der Programmablauf für ein Rißausbreitungsinkrement ist somit beendet.

### 6.1.4 Die Randwertmethode zur Grobabschätzung des Bruchverhaltens

In vielen Anwendungsfällen genügt aber bereits eine überschlagsmäßige Abschätzung des Bruchverhaltens als Anhaltspunkt für die Werkzeugbeurteilung. Die schrittweise Rißausbreitungssimulation wäre für diesen Zweck viel zu aufwendig und zeitraubend. Der Konstrukteur benötigt daher eine Programmoption, die ihm unmittelbar nach der ersten Werkzeugberechnung eine einfache Analyse des zu erwartenden Bruchverhaltens liefern kann.

Um dieser Forderung nachzukommen, wurde in den Modul BRUCH die Routine VERSAGEN implementiert, die es alternativ zur Rißausbreitungssimulation RISSAUS gestattet, mittels eines analytischen Bruchmodells innerhalb eines Berechnungsdurchgangs eine Grobabschätzung der Rißausbreitungsneigung im Werkzeugquerschnitt vorzunehmen. Eine mehrfache Neuvernetzung und Neuberechnung des Modells wird dadurch nicht mehr erforderlich.

Die Grundidee dieses im Modul BRUCH als *'Randwertmethode'* bezeichneten Verfahrens ist es, durch virtuelle Verschiebung der Rißspitze im ungerissenen Ausgangsmodell eine analytische Beurteilung der voraussichtlichen Rißspitzenbeanspruchung und des damit verbundenen Bruchverhaltens zu erhalten. Dies gelingt mit Hilfe eines geeigneten analytischen Rißmodells unter Vorgabe der virtuellen Rißtiefe $a$ und des lokalen Spannungszustands $\sigma(r)$ des ungerissenen Werkzeugquerschnitts.

Die theoretische Grundlage hierzu wurde in Abschnitt 4.4 vorgestellt. Als analytische Modellbeschreibung dient ein Umfangsriß an der Innenwand eines dickwandigen Druckbehälters, **Bild 6.11a**; die entsprechende analytische Abschätzung des Spannungsintensitätsfaktors wurde durch Gl.(4.7) eingeführt und ist in **Bild 6.11a** nochmals wiedergegeben. In erster Näherung kann dieses Modell auf die Verhältnisse in der Werkzeugwand, insbesondere von rotationssymmetrischen Fließpreßmatrizen, übertragen werden. Die Darstellung zeigt die Abhängigkeit der Korrekturfaktoren $Y_1$-$Y_4$ vom Verhältnis der erreichten Rißtiefe zum Restquerschnitt der Wand. Auf diese Weise ist der Einfluß des wachsenden Risses auf das innere Spannungsfeld des Bauteils erfaßt und die lokale Spannungsintensität für jede virtuelle Rißtiefe $a^*$ numerisch berechenbar.

Die inhomogene Spannungsverteilung $\sigma(r)$ im Wandquerschnitt, die zur Beschreibung des aktuellen Rißfalls in Form der Koeffizienten $\alpha_0$-$\alpha_3$ mit in die Gleichung einfließen muß, ist durch die FE-Ergebnisse der Werkzeuganalyse vorgegeben, **Bild 6.11b**. Sie kann mittels numerischer Approximation in erster Näherung durch ein Polynom dritten Grades als Funktion des Behälterradius r wie folgt dargestellt werden:

$$\sigma(r) = \alpha_0 + \alpha_1 r + \alpha_2 r^2 + \alpha_3 r^3 \tag{6.2}$$

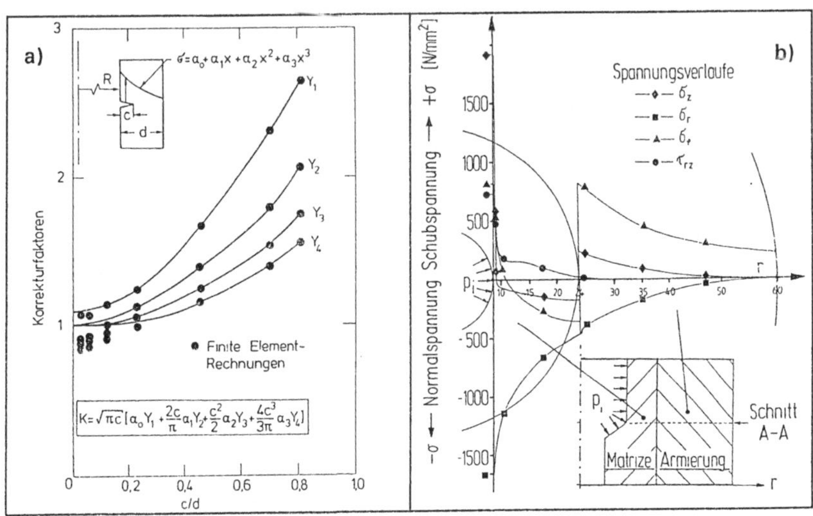


**Bild 6.11a:** Korrekturfaktoren bei inhomogener Spannungsverteilung für einen Umfangsriß nach einer Lösung von Buchalet u. Bamford /82/

**Bild 6.11b:** Verläufe der Spannungskomponenten $\sigma_r$, $\sigma_z$, $\sigma_\varphi$ und $\tau_{rz}$ im Werkzeugquerschnitt einer Fließpreßmatrize, (DRH=1, $p_i$=1800 N/mm² const.)

Aufbauend auf der resultierenden Verteilung der K-Faktoren gelingt die Lebensdauerabschätzung nun - wie im Falle des Rißausbreitungsalgorithmus - durch eine inkrementelle Verlängerung des virtuellen Risses und anschließender Summation der abschnittsweisen Lastzyklen-
zahlen bis zum Gewaltbruch. Der Vorteil dieses Verfahrens wird hierbei nochmals deutlich:
da die inkrementelle Berechnung des lokalen K-Faktors analytisch mit Hilfe der Ergebnisse
des Ausgangsmodells erfolgt, ist keine zeitaufwendige geometrische Rißverlängerung und
Modifkation des FE-Modells notwendig. Dieser Vorteil muß allerdings mit der Ergebnis-
unsicherheit einer analytischen Lösung im Vergleich zum exakteren numerischen Verfahren
sowie der fehlenden Beschreibungsmöglichkeit abknickender Rißpfade erkauft werden.

Erste Ergebnisse haben gezeigt, daß sich die *'Randwertmethode'* trotz eingeschränkter
Vorhersagegenauigkeiten bei größeren Rißtiefen als ein durchaus brauchbares Instrument zur

überblicksmäßigen Versagensbeurteilung darstellt. Da das reproduzierbare Bruchverhalten der Werkzeuge, gemäß /20,21/, maßgeblich durch den Anfangsbereich des Rißwachstums, d.h. kleineren Rißtiefen bis 5mm, bestimmt wird, kann das vorgestellte, halbanalytische Verfahren der virtuellen Rißausbreitung bereits zuverlässige Informationen über die Schwachpunkte der betrachteten Werkzeugauslegung geben. Die Methode eignet sich somit für den Konstrukteur sehr gut zur schnellen Überprüfung und Beurteilung einer getroffenen Konstruktionsvariante im Rahmen des angestrebten Design-Cycles.

## 6.2 Experimentelle Verifizierung der Rißausbreitungssimulation

Mit dem *'Rißausbreitungsalgorithmus'* (Routine RISSAUS) und der *'Randwertmethode'* (Routine VERSAGEN) wurde das 'numerische Handwerkszeug' zur Simulation des Bruchverhaltens bereitgestellt. Es besteht nun die Aufgabe durch Verifizierung der Simulationsergebnisse anhand von experimentellen Vergleichsergebnissen die Brauchbarkeit der entwickelten Simulationsalgorithmen nachzuweisen. Aus der Literatur sind hierzu verschiedene experimentelle und numerische Vergleichsuntersuchungen an praktischen Beispielen bekannt, die im allgemeinen über eine gute Übereinstimmung von Realverhalten und Simulationsergebnis berichten. Die Untersuchungen beschränken sich aber auf einfache Anwendungsfälle und Laborproben /85-89,119,136/.

Im Fall der Werkzeugsimulation ist der unmittelbare Vergleich mit realen Versagensfällen von Umformwerkzeugen allerdings sehr schwierig, da hierzu kaum experimentelle Lebensdauer- oder Standmengenuntersuchungen vorliegen. Dies ist vor allem auf zwei Umstände zurückzuführen:

- in der industriellen Praxis werden - gemäß eigener Befragungen - aufgrund der zumeist fehlenden Meßmöglichkeiten nur sehr selten methodische und ausreichende Versagensstatistiken bezüglich des Werkzeugbruchs geführt;
- die labormäßige Überprüfung des Werkzeugversagens in statistisch abgesicherten Versuchsreihen hingegen ist wegen der sehr hohen anfallenden Stückzahlen pro Einzeluntersuchung bis zum Werkzeugbruch sehr zeitaufwendig und äußerst kostenintensiv und deshalb kaum vorzufinden.

Eindeutig abgegrenzte Versagensbeispiele sind aus diesen Gründen auch nur in den wenigsten Fällen zu erhalten.

Eine Ausnahme stellen in dieser Beziehung die experimentellen Arbeiten zum Werkzeugbruch an der Universität Stuttgart von *Reiss* /20/ und *Hettig* /21/ dar. Die dabei gewonnenen Ergebnisse von Wirbelstrom- und Ultraschalluntersuchungen zum Rißfortschritt in Fließpreßmatrizen, vgl. **Bild 2.6**, sind ideal für die Überprüfung der Versagenssimulation geeignet.

Sie bilden daher auch einen wesentlichen Grundstein für die experimentelle Verifizierung der Rißausbreitungssimulation im Rahmen der vorliegenden Arbeit.

Die Komplexität des Werkzeugversagens und die damit erschwerte Zugängigkeit für die Simulation macht es jedoch erforderlich, zunächst eine schrittweise Überprüfung der Simulationgrundlagen vorzusehen. Dieses Vorgehen mit steigendem Schwierigkeitsgrad ist angeraten, um die einzelnen Fehlerquellen der Versagenssimulation getrennt beurteilen zu können. Hierzu zählen:

- Unzureichende Nachbildung und Diskretisierung der Bauteilgeometrie
- Unvollständige Übertragung der Belastungsrandbedingungen auf das FE-Modell
- Numerische Fehler bei der FE-Berechnung lokaler Spannungs-Dehnungsfelder an der Rißspitze
- Vernachlässigung der Rißspitzenplastizität
- Numerische Fehler bei der K-Faktor- bzw. J-Integral-Bestimmung
- Unzureichende und streuende Werkstoffkennwerte aus der Literatur
- Große Streuungen bei der experimentellen Versuchsdurchführung
- Fehlerhafte Interpretation komplexer Belastungsverhältnisse durch die zyklischen Rißspitzenparameter der LEBM

Zur Berücksichtigung der einzelnen Aspekte wurde bei den Untersuchungen im Rahmen dieser Arbeit nach dem folgenden mehrstufigen Konzept vorgegangen:

- Numerische Genauigkeitsanalyse der implementierten Bruchmechanikalgorithmen;
- Überprüfung des Rißfortschrittverhaltens an einer einfachen Probengeometrie unter einfachen Beanspruchungszuständen;
- Klärung des Rißfortschrittverhaltens im Werkzeugquerschnitt mit vorgegebenen Rißgeometrien;
- Überprüfung des Rißwachstums im Werkzeugquerschnitt mit Hilfe der freien, ungebundenen Rißausbreitungssimulation.


## 6.2.1 Analyse numerischer Modelleinflüsse bei der FE-Bruchmechaniksimulation

Umfangreiche FE-Berechnungen der Werkzeugbeanspruchung unter Berücksichtigung der Randbedingungen wie Werkzeugmaterial, Werkzeugprozeßbelastung oder Diskretisierung des Werkzeugmodells im Vorfeld und in der Anfangsphase dieser Arbeit haben gezeigt /22/, daß durch eine sorgfältige FE-Modellierung die zuerst genannten Fehlerquellen der Werkzeugsimulation bereits relativ gut auf ein Minimum reduziert werden können. Die Stoffflußsimulation als Lieferant einer zuverlässigen zeitabhängigen Werkzeugbelastung stellt hierbei die wichtigste Grundvoraussetzung für den Erfolg dar.

Für die numerische Berechnung der Bruchmechanikparameter an der Rißspitze ergeben sich aus dem gewählten Analyseverfahren wie auch der FE-Modellierung der Rißspitzenumgebung ein nicht zu unterschätzender Einfluß der Simulationsergebnisse. Über den Fehler bei der numerischen Ermittlung des K-Faktors wird in diesem Zusammenhang in Abschnitt 4.5.3 *'Numerische Methoden der K-Faktor-Bestimmung'* berichtet. Der resultierende Gesamtfehler läßt sich, wie gezeigt, durch geeignete Wahl einer speziellen FE-Rißspitzenstruktur und bei Anwendung der J-Integral-Auswertung auf unter 2% reduzieren.

Stehen die benötigten Werkstoffparameter zur Verfügung, zeigt der Ergebnisvergleich von Simulation und experimentellen Rißfortschrittsuntersuchungen aus der Literatur wie aus eigenen Versuchen, daß die Bruchmechaniksimulation in der Lage ist, für einfache Belastungsfälle sehr zufriedenstellende Vorhersagen des Rißausbreitungsverhaltens zu liefern. Der numerisch bedingte Fehleranteil stellt somit kein Problem für die Versagenssimulation unter komplexeren Randbedingungen dar.

Unzureichende und teilweise von Literatur- zu Literaturstelle für gleiche Werkstoffe stark abweichende Rißwachstumskennwerte können jedoch - wie auch große Streuungen bei der eigentlichen experimentellen Durchführung der Vergleichsversuche - zu einer weitaus größeren Ergebnisungenauigkeit beitragen. Die vornehmlich werkstoffbedingten Unsicherheiten im Bereich der Mikrostruktur, bzw. das völlige Fehlen der erforderlichen exakten Bruchmechanikkennwerte, stellen generell auch das größte Problem bei der Übertragung der Simulationsergebnisse auf reale Anwendungsfälle dar. Anhand der simulierten und experimentell bestimmten Rißausbreitungsgeschwindigkeit am Beispiel einfacher Laborproben galt es daher, die Größenordnung des Vorhersagefehlers, der durch die streuenden Materialkennwerte hervorgerufen wird, abzuschätzen. Diese Voruntersuchungen sollten Aufschluß darüber geben, ob die Anwendbarkeit der Rißausbreitungssimulation auf reale Bauteile sinnvoll erscheint oder ob die Überlagerung von Simulationsfehlern - und hier insbesondere der Einfluß der Materialkennwerte - keine aussagekräftige Versagensabschätzung in ingenieurmäßig vertretbaren Fehlergrenzen mehr erlaubt.

### 6.2.2  Experimentelle und numerische Untersuchung des Rißfortschritts gekerbter Drei-Punkt-Biegeproben

### 6.2.2.1 Experimentelle Versuchsdurchführung

Für die vergleichende Analyse des Rißfortschritts wurde als einfache Versuchs- und Simulationsprobe eine gekerbte Drei-Punkt-Biegeprobe ausgewählt. Die Probenabmessung betrug 8x8x60mm bei einem Kerbradius von 1mm und einer Kerbtiefe von 2mm, **Bild 6.12.** Die Kerboberfläche wurde geschliffen und wies je nach Bearbeitungscharge eine mittlere

Oberflächenrauheit von 2,4-4,7$\mu$m auf. Zur Untersuchung kamen die Werkstoffe St52-3 und Ck45, da hierfür ausreichende Rißwachstumskennwerte aus der Literatur zur Verfügung standen, **Tabelle 6.1** /82,99,100/.

| Werkstoff | Konstante C | Exponent m | Bereich $\Delta K$ [N/mm²] |
|---|---|---|---|
| St52-3 | $1,58 \cdot 10^{13}$ | 3,0 | 190 ... 1580 |
| Ck 45 | $3,65 \cdot 10^{13}$ | 3,2 | 320 ... 950 |

**Tabelle 6.1:** Koeffizient C und Exponent m für den 'linearen' Rißausbreitungsbereich

Vor der eigentlichen Rißfortschrittsuntersuchung mußte in der Probe mittig zum Kerbgrund ein Ermüdungsriß angeschwungen werden. Ausgehend von dieser Starterkerbe konnte das weitere Rißwachstum unter Mode-I- und Mixed-Mode-Bedingungen beobachtet werden. Für die Anrißerzeugung erwies sich eine Anrißtiefe von ca. 0,9mm bei der vorgegebenen Probengeometrie als sehr günstig und war maschinenseitig gut reproduzierbar.

Für die Durchführung der Dauerschwingversuche stand ein Hochfrequenzpulsator der Firma Amsler zur Verfügung /137/. Die Resonanzprüfmaschine mit elektromagnetischem Antrieb ermöglicht die Einstellung einer statischen Mittellast sowie die Erzeugung einer regelbaren dynamischen Lastamplitude. Für den Dauerschwingversuch wurde die Kerbprobe auf zwei Auflagerrollen unter den Belastungsstempel der Maschine positioniert und die zyklische Last über eine Belastungsrolle mittig zum Kerbgrund über den Probenrücken aufgebracht, vgl. **Bild 6.12**. Die auf diese Weise erzeugte Druckschwellbeanspruchung wird infolge der Probendurchbiegung und Dehnung des Kerbgrundes in eine Zugschwellbeanspruchung auf der Kerboberfläche (Anrißerzeugung) sowie eine zyklische Mode-I-Beanspruchung im Falle eines existierenden Anrisses (Rißfortschrittsuntersuchung) umgewandelt. Dieser Belastungsfall ist für die nachfolgende Simulation vornehmlich von Interesse.

   Wird die Probe bezüglich der ursprünglich mittigen Lage der Belastungsrolle verschoben, d.h. die Kraft nicht mehr symmetrisch zum Kerbgrund eingeleitet, ist es ohne größeren Aufwand möglich, eine außermittige Probenbelastung zu erzielen. In den Ermüdungsversuchen ließ sich auf diese Weise auf der Kerboberfläche und im Probenquerschnitt neben der erwünschten Zugspannungsbeanspruchung eine zusätzlich Schubkomponente überlagern. Die Bedingungen für eine zyklische Mixed-Mode-Beanspruchung während des Rißfortschritts waren somit gegeben.

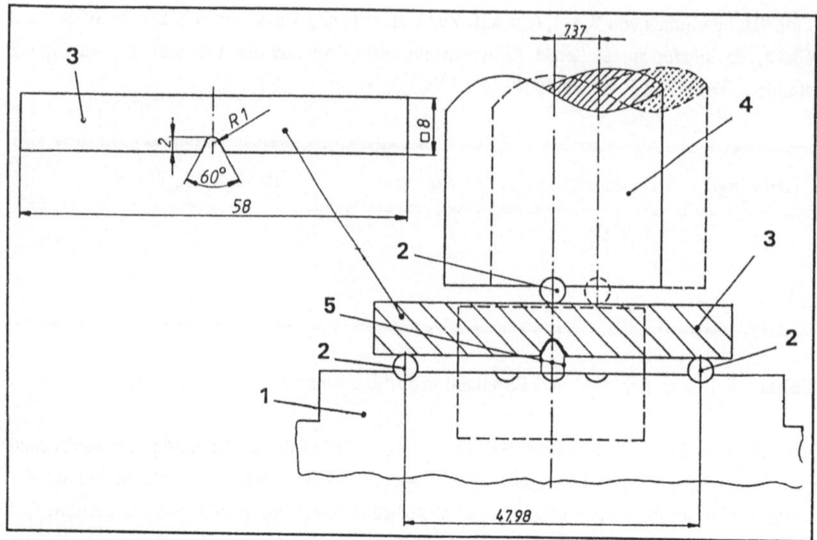

**Bild 6.12:** Abmaße der Kerbprobe und Probenaufnahme im Magnet-Resonanz-Pulser,
1) Prüftisch, 2) Auflager- und Belastungsrolle, 3) Kerbprobe, 4) Belastungsstempel,
5) Justagevorrichtung

Pro Werkstoff wurden drei Belastungsniveaus mit jeweils 5-10 Einzelversuchen zur statistischen Absicherung untersucht. Das eingestellte Belastungsverhältnis $R$ aus statischer und dynamischer Lastkomponente betrug in allen Fällen ca. 0,5. Hierbei wurde darauf geachtet, daß die resultierenden mittleren Rißausbreitungsgeschwindigkeiten im linearen Bereich des Rißausbreitungsdiagramms für den betreffenden Werkstoff zu lagen kamen. Randeffekte der Rißwachstumskurve sollten somit vorerst vermieden werden. Der hohe R-Wert erlaubte darüberhinaus die Vernachlässigung des Rißschließeffekts bei der späteren Berechnung des zyklischen Spannungsintensitätsfaktors im Simulationsmodell (vgl. Kap.4.7.2).

Zur Übertragung der zyklischen Probenlast auf die Modellbetrachtung konnte der an der Prüfmaschine eingestellte statische und dynamische Lastanteil unmittelbar in das Maximum und das Minimum des Belastungszyklus des FE-Modells übertragen werden. Durch Aufbringung der zyklischen Last als einfacher Knotenkraft am Krafteinleitungspunkt bei mittiger bzw. außermittiger Belastung war gewährleistet, daß die Belastungsrandbedingungen des Schwingversuchs identisch auf das FE-Modell abgebildet werden konnten.

### 6.2.2.2 Numerische Vergleichsrechnung

In **Bild 6.13** ist das dazugehörige FE-Modell der untersuchten Probe mit einem eingebrachten Ermüdungsriß abgebildet, bei dem die Analyse auf elastisches Materialverhalten beschränkt wurde. Für die Simulation mittiger (I) wie auch außermittiger Belastungsfälle (II) mußte die gesamte Probenlänge modelliert werden.

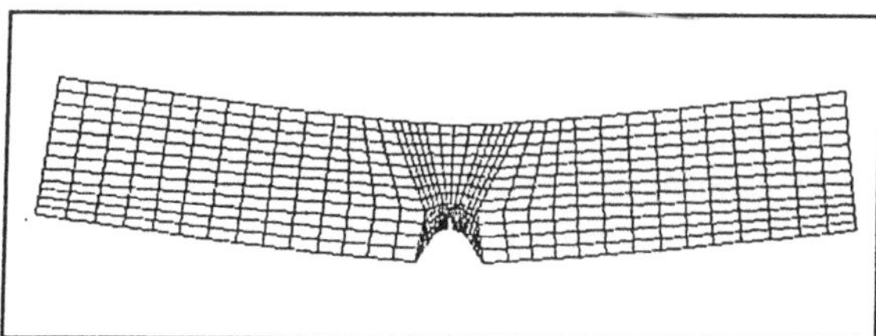

**Bild 6.13:** Vergrößert dargestellte Verformung des FE-Modell der Drei-Punkt-Biegeprobe unter maximaler Belastung (Mode I)

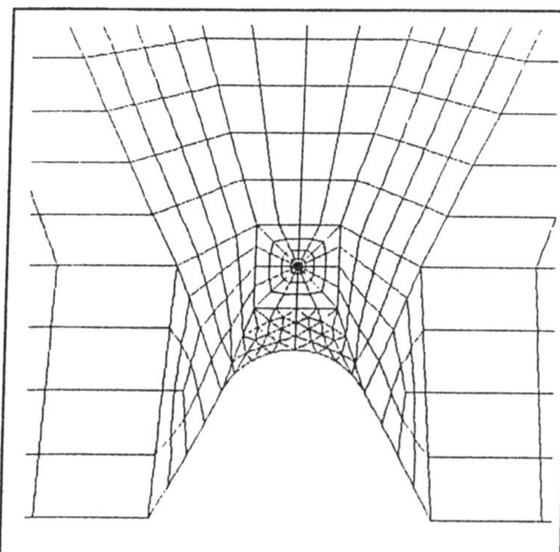

**Bild 6.14:** Vergrößerter Ausschnitt der Rißspitzenumgebung im entlasteten Zustand.

Entsprechend der angeschwungenen Anrißtiefe von ca. 0,9mm als Ausgangspunkt der weiteren Rißuntersuchungen wurde für das FE-Modell eine Rißtiefe von 1mm gewählt. **Bild 6.14** zeigt den vergrößerten Ausschnitt der Rißspitzenumgebung. Zum Einsatz kamen hierbei im Probenquerschnitt wie für die Rißspitzenstruktur reguläre, ebene 8-Knoten-Viereckselemente mit reduzierter Integration bzw. 6-Knoten-Dreieckselemente /129/. An der Rißspitze wurde zusätzlich die *Viertel-Punkts-Technik* angewandt (vgl. Abschnitt 4.5.2).

### 6.2.2.3 Vergleich der experimentellen und numerischen Ergebnisse

Ausgehend von der angeschwungenen Anrißtiefe $a_1$ wurden die Proben einer Versuchsreihe zyklisch weiterbelastet; nach ca.6000-10000 Lastzyklen wurde der Versuch abgebrochen. Der erzielte Rißfortschritt wurde daraufhin über die Probendurchbiegung mittels der Compliance-Methode bestimmt /82/. **Bild 6.15** zeigt hierzu am Beispiel einer Versuchsreihe für den Werkstoff St52-3 die Ergebnisse der Rißwachstumsinkremente unter Mode-I-Belastung von der Rißtiefe $a_1$ bis zur Endrißtiefe $a_2$. Die gemessene Rißverlängerung liegt jeweils im Bereich von ca. 0,3-0,5mm. Aus dem resultierenden Ausbreitungsinkrement $da$ $(a_2 - a_1)$ und der dafür benötigten Lastspielzahl $N$ konnte mit diesen Werten auf einfache Weise eine mittlere Rißausbreitungsrate $da/dN$ für den jeweiligen Analysefall bestimmt werden, vgl. Gl.(4.26) und (4.31). Die ermittelte mittlere Rißwachstumsgeschwindigkeit diente nachfolgend zum Vergleich mit der FE-Simulation, **Bild 6.16, 6.17**.

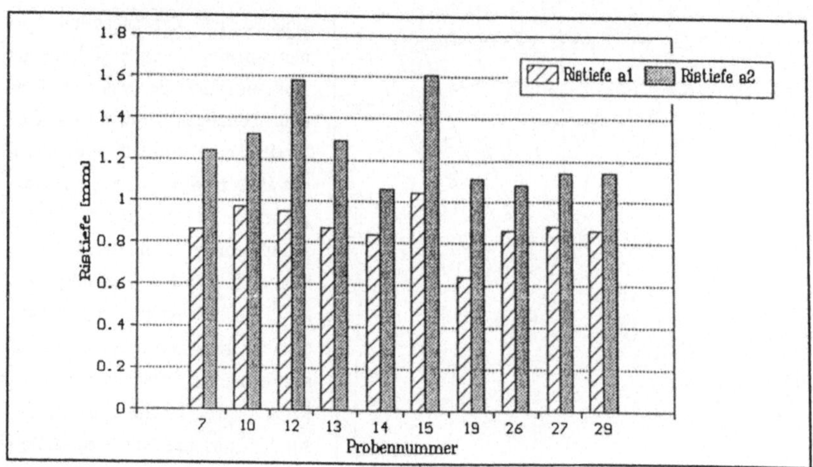


**Bild 6.15:**   Rißfortschritt in den Einzelproben einer Versuchsreihe für den Werkstoff St52-3: $F_{stat}=974$ N, $F_{dyn}=803$ N, $\Delta K_I=798$ N/mm$^{3/2}$

Im vorliegenden Fall betrug die statische Last 974 N, die dynamische Belastungsamplitude 803 N, woraus sich in der Simulation ein zyklischer Spannungsintensitätsfaktor von $\Delta K_v=798$ N/mm$^{3/2}$ berechnen ließ. Mit Hilfe dieses Wertes konnte zum einen die experimentell bestimmte mittlere Rißausbreitungsgeschwindigkeit in das Rißwachstumsdiagramm **Bild 6.16, 6.17** eingetragen werden, wobei zusätzlich zur Verdeutlichung der Ergebnisstreuung die Standardabweichung mit angetragen wurde. Zum anderen konnte mittels $\Delta K_v$ unter

Anwendung bekannter Rißwachstumsgesetze nach *Paris* und *Forman*, vgl. Gl.(4.26) und Gl.(4.31), die theoretische Ausbreitungsgeschwindigkeit der Simulation berechnet werden. Zum Vergleich mit den experimentellen Ergebnissen wurde aber der kontinuierliche Verlauf der theoretischen Rißwachstumskurve als Ergebnis der verfügbaren Materialkennwerte abgebildet.

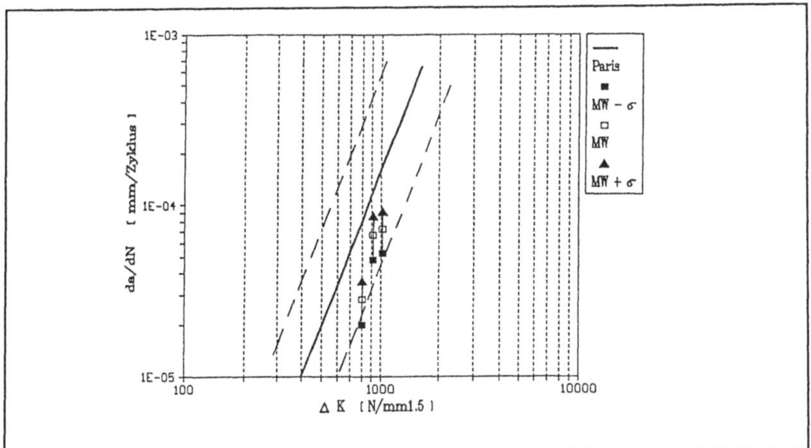

**Bild 6.16:**   Vergleich der Rißausbreitungsrate von Experiment (Mittelwert MW und Standardabweichung $\sigma$) und Simulation (Paris-Gesetz) für den Werkstoff St52

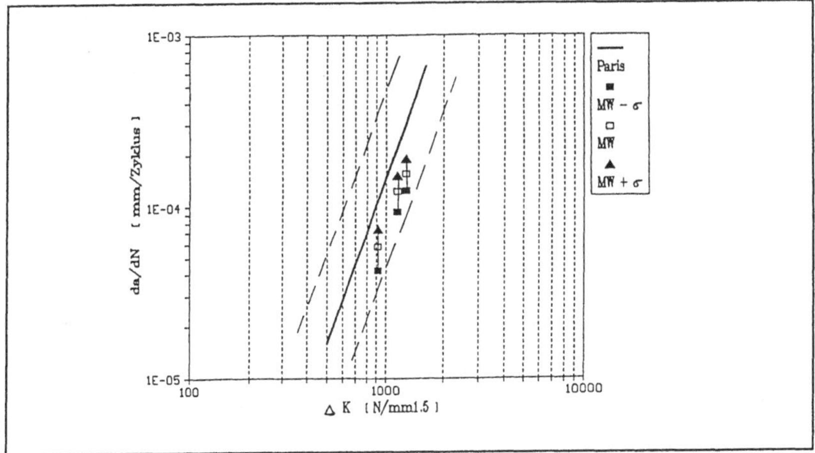

**Bild 6.17:**   Vergleich der Rißausbreitungsrate von Experiment (Mittelwert MW und Standardabweichung $\sigma$) und Simulation (Paris-Gesetz) für den Werkstoff Ck45

Die graphische Darstellung der Rißfortschrittsergebnisse anhand des Mittelwerts MW und der Standardabweichung $\sigma$ für beide Werkstoffe verdeutlicht, daß die experimentell ermittelten Werte einen verhältnismäßig kleinen Streubereich aufweisen und relativ gut mit der numerischen Vorhersage übereinstimmen, **Bild 6.16, 6.17**. Aufgrund der vernachläßigten Rißspitzenplastizität - die Auswertung liefert dadurch überhöhte Werte für $\Delta K$ - weisen die Simulationsergebnisse nach dem Paris-Gesetz eine leichte Überschätzung der Rißausbreitungsgeschwindigkeit auf und tendieren damit zu einer konservativen Bauteilbeurteilung. Darüberhinaus zeigt die Darstellung auch, angedeutet durch die gestrichelten Wachstumsgeraden, den großen Streubereich der aus den Literaturwerten berechneten Rißausbreitungsgeschwindigkeiten nach *Paris*. Anhand dieser großen, materialkennwertbedingten Streuung kann die experimentelle Versuchsdurchführung mit weitaus kleineren Abweichungen als durchaus zuverlässig angesehen werden.

Ein weiterer Punkt der durch diesen Vergleich positiv geklärt werden konnte betrifft das inkrementelle Vorgehen bei der Rißausbreitungssimulation unter Annahme einer mittleren Ausbreitungsgeschwindigkeit über das vorgeschriebene Ausbreitungsinkrement *da*. Da auch im vorliegenden Simulationsmodell von einer statischen Rißspitze bei 1mm ausgegangen wurde, d.h. die experimentellen Ergebnisse gemittelt wurden, wurde hierbei auch die kontinuierliche Veränderung der Rißausbreitungsgeschwindigkeit mit zunehmender Rißtiefe vernachlässigt. Die gute Ergebnisübereinstimmung rechtfertigt dieses Vorgehen jedoch unter der Voraussetzung einer sinnvollen Vorgabe der Inkrementlänge, vgl. Gl.(6.1).

Zusammenfassend läßt sich feststellen, daß die Ergebnisse dieser ersten Abschätzung als sehr zufriedenstellend bezeichnet werden können. Das Resultat der Überprüfung hat somit erbracht, daß die Bruchmechanik in Kombination mit der FE-Analyse ein geeignetes Werkzeug zur Simulation der Rißausbreitung darstellt und gute Ergebnisse liefert. Die Anwendung auf den konkreten Problemfall von Umformwerkzeugen erscheint aus diesem Grunde sinnvoll.


## 6.3   Simulation des Bruchverhaltens am Beispiel einer Fließpreßmatrize

Unter Einsatz der vorgestellten Programmbausteine werden die folgenden Ausführungen nun über die bruchmechanischen Untersuchungen dieser Arbeit am Beispiel der ausgesuchten Fließpreßmatrize berichten. Im Vergleich zu den Ergebnissen experimenteller Standmengenuntersuchungen /20,21/ sollen sie einen Einblick ins 'Innere' des Werkzeugs geben und die Ursachen und Wirkungen, die zur Rißausbreitung und damit letztendlich auch zum Bruch führen, exemplarisch erläutern. Die erzielte Übereinstimmung der Ergebnisse mag darüberhinaus zeigen, welche Diagnosemöglichkeiten dem Anwender durch die Kombination aus

FE-Simulation, Bruchmechanik und umformtechnischer Erfahrung in bezug auf ein verbessertes Verständnis beobachteter Versagensfälle sowie deren gezielter Optimierung geboten wird /22,38,138/.

Die ersten Betrachtungen beschränken sich daher zunächst auch anhand des experimentellen Bruchbilds der Werkzeuge auf die Analyse der Rißausbreitungsneigung im Werkzeugquerschnitt sowie die Lokalisierung der rißgefährdeten Werkzeugbereiche.

In einem nachfolgenden Schritt interessiert dann vor allem der Aspekt der Lebensdauerabschätzung als dem zweiten Standbein der Versagenssimulation. Die simulierte Rißwachstumsgeschwindigkeit in der Werkzeugwand kann hierzu direkt mit den gemessenen Rißausbreitungsdiagrammen der Ultraschalluntersuchungen nach *Reiss* und *Hettig* korreliert werden.

### 6.3.1 Grundlagen und Beschränkungen des FE-Modells

Eine realitätsnahe Überprüfung des Bruchverhaltens von Werkzeugen gelingt aufgrund der komplexen bruchmechanischen Problemstellung des Systems 'Umformwerkzeug' nicht ganz ohne vereinfachende Annahmen und Einschränkungen des Simulationsmodells. Hierzu gehören:

- Das FE-Werkzeugmodell bleibt auf den rotationssymmetrischen Fall beschränkt.

- Die analytischen Bruchmechanikansätze beruhen im Modellinneren auf der Grundlage des ebenen Formänderungdzustandes (EFZ), an der Werkzeugoberfläche wird der ebene Spannungszustand (ESZ) zugrundegelegt.

- Die zyklische Belastung unterliegt einem konstanten einstufigen Lastschema, das Schädigungsverhalten ist somit linear; prozeßbedingte oder statistisch verteilte Belastungsschwankungen sind nicht vorgesehen.

- Plastifizierung im Rißspitzenbereich wird im Gegensatz zum Gesamtmodell ausgeschlossen, das Material dort als nahezu ideal elastisch angenommen; der Gültigkeitsbereich der LEBM ist somit voll erfüllt.

- Stochastische Einflüsse der Mikrostruktur werden nicht betrachtet.

- Dynamische Einflüsse der Belastungsgeschwindigkeit können vernachlässigt werden.

- Die Betrachtung thermisch bedingten Kriechwachstums entfällt bei Kaltumformwerkzeugen; Temperatureigenspannungen können und sollten hingegen berücksichtigt werden.

- Zusatzbelastungen des Risses durch eingepreßte Schmiermittelreste oder Werkstoffpartikel werden zunächst nicht betrachtet.

### 6.3.2 Untersuchung des Rißbeginns

Der erste Schritt der Werkzeuganalyse ist, wie bereits beschrieben, die Untersuchung des Anrißneigung durch Lokalisierung anrißgefährdeter Werkzeugbereiche mit anschließender Simulation der Rißinitiierung. Ausgangspunkt hierfür ist eine eingehende Untersuchung der Werkzeugoberflächenbeanspruchung unter Heranziehung der Programmroutinen GEWALT und RISSEIN des Moduls BRUCH (vgl. auch /75/).

Die Innendruckbelastung und die entgegenwirkende Vorspannung bewirken eine Verformung der Matrize während des Bearbeitungsprozesses. Hierbei ist bei großen Druckraumhöhen, d.h. bei kleinen Stempeleindringtiefen mit hoher integraler Innendruckbelastung, zuerst eine nach außen gerichtete Auffederung des oberen Matrizenteil festzustellen. Diesem Stadium folgt bei tieferen Eindringtiefen des Stempels ein 'Einknicken' der oberen Werkzeugwände, vgl. **Bild 5.10**. Bei völliger Entlastung wird der Matrizeneinsatz durch die Armierung komprimiert und verjüngt sich demzufolge.

Im Verlauf dieser kontinuierlich ablaufenden Verformung wird zum Zeitpunkt maximaler Werkzeugbelastung insbesondere der Bereich des Übergangsradius stark gedehnt. Die hervorgerufenen Dehnungen äußern sich dann in einer entsprechend hohen Spannungskonzentration der Oberflächenspannungskomponenten, vgl. **Bild 2.3, 6.11**. Hinsichtlich der Bildung von Querrissen ist insbesondere die entstehende Zugspannungskomponente $\sigma_z$ in Axialrichtung von größtem Interesse. Sie wird zusätzlich durch eine starke Schubspannungskomponente $\tau_{rz}$ überlagert, die sich als Resultierende der äußeren Vorspannung durch den Schrumpfring sowie des Durchmessersprungs der Werkzeugwand in Höhe des Schultereinlaufradius einstellt, **Bild 6.11**.

Die bisherigen Überlegungen haben jedoch noch nicht berücksichtigt, daß die Ausgabe der FE-Ergebnisse im allgemeinen für ein globales Bezugskoordinatensystem erfolgt, d.h. im Fall des rotationssymmetrischen Modells in den Hauptachsenrichtungen $r,z,\varphi$. Ändert sich die Richtung der Oberflächennormalen und mit ihr das lokale Koordinatensystem $\xi,\eta,\varphi$, wie es beim Übergang der senkrechten Werkzeugwand zur schräg geneigten Fließpreßschulter (Schulteröffnungswinkel = 120°) zu beachten ist, entspricht die axiale Spannungskomponente $\sigma_z$ nicht mehr der lokalen Oberflächenspannung $\sigma_\xi$.

Nach der Transformation in das lokale Koordinatensystem, die automatisch durch die Routine GEWALT durchgeführt wird, zeigt die Spannungsverteilung entlang der Radiusoberfläche ein stark verändertes Aussehen. Aus **Bild 6.18** ist hierzu das Ergebnis der Koordinatentransformtion und die daraus neu ermittelte Verteilung der Oberflächenspannung zu entnehmen. Die darin gezeigten Spannungsverläufe für den Zeitpunkt maximaler Werkzeugbelastung dienen als Grundlage zur Bestimmung der Amplitudenwerte $\Delta\sigma$ und $\Delta\tau$ für die analytische K-Faktor-Bestimmung bei der Anrißüberprüfung mittels Gl.(4.7).

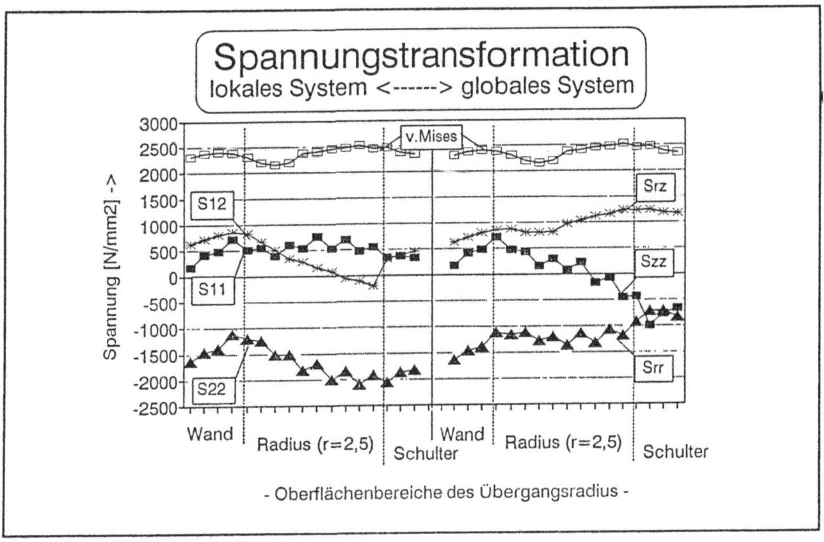


**Bild 6.18:** Spannungstransformation der Oberflächenspannungen im Bereich des Übergangsradius zur Fließpreßschulter vom globalen in das lokale Koordinatensystem

Die v.Mises Vergleichsspannung bleibt durch die Transformation wie zu erwarten unverändert. Die anderen Spannungskomponenten hingegen erfahren eine deutliche Änderung mit zunehmender Oberflächenneigung. Die Oberflächenspannung $S11$ verbleibt nun vollständig im Zugspannungsbereich während die Schubspannungskomponente $S12$ eine Richtungsumkehr erfährt und auf einem wesentlich geringeren Niveau verbleibt. Die Oberflächenspannung $S22$ stimmt erwartungsgemäß fast mit der wirkenden Oberflächenbelastung des Umformprozesses überein.

Die resultierende Oberflächenzugspannung $\sigma_\xi$ ($S11$) stimmt somit nach der Transformation bei gleichzeitig verschwindender Schubspannungskomponente nahezu mit der lokalen Hauptachsenkomponente überein; als Oberflächennormalspannung bestimmt sie dadurch maßgeblich den Mechanismus des Rißbeginns an der Oberfläche spröder Werkstoffe. Experimentelle Untersuchungen von *Berns u.a.* /76/ zum Bruchverhalten des verwendeten Werkzeugwerkstoffs, dem Kaltarbeitstahl X155CrVMo121, haben in diesem Zusammenhang zu zeigen vermocht, daß die Rißinitiierung in der Hauptsache normalspannungsgesteuert durch Aufbrechen von Karbiddecken senkrecht zur größten Zugspannung erfolgt.

Das Belastungsmaximum der zyklischen Oberflächenzugspannung $\sigma_\xi$ befindet sich im mittleren Bereich des Übergangsradius. Die Richtung der Oberflächennormale $\eta$ ist dort bereits um ca. 30° zur Ausgangssitutation der senkrechten, zylindrischen Wand gedreht. Es ist daher zu vermuten, daß diese Stelle aufgrund der maximalen Normalspannung besonders anfällig für die Ermüdungsrißeinleitung ist und die Anrißbildung vertikal zur Oberfläche unter einem Neigungswinkel von ca. 30° einsetzen wird. Kleine Oberflächenfehler können hierbei bereits zu kritischen Anrissen führen, vgl. **Bild 6.2**. Eine Abschätzung der kritischen Rißtiefe anhand der lokalen Oberflächenbelastung des vorliegenden Falls erbrachte somit auch nur einen Wert von ca. 15-20$\mu$m.

Die Befunde der Simulation konnten durch die experimentellen Werkzeuguntersuchungen von *Reiss* und *Hettig* weitgehend bestätigt werden /20,21/, vgl. **Bild 6.23**. Die Rißeinleitung wurde tatsächlich im mittleren Radiusbereich beobachtet, wobei die kritische Anrißtiefe bis zum Einsetzen einer zwischenzeitlichen Phase instabilen Wachstums bei ca. 0,7mm lag. Der festgestellte Anrißneigungswinkel von ca. 30-40° zur Horizontalen entspricht somit auch dem Simulationsergebnisses unter Heranziehung der maximalen Oberflächenzugspannung. Die rein formale Herleitung des Neigungswinkels mittels Gl.(4.25) für den ursprünglichen Mixed-Mode-Fall ohne Koordinatentransformation erbringt ein vergleichbares Ergebnis.

### 6.3.3 Untersuchung der Rißausbreitungsneigung im Werkzeugquerschnitt

Zur Untersuchung des vermutlichen Bruchverhaltens der betrachteten Fließpreßmatrizen wurde der in bezug auf die Rißausbreitung kritische Werkzeugsektor im Bereich des Schultereinlaufradius näher untersucht. Das Werkzeug wurde zu diesem Zweck in ersten Analysen durch in das Modell eingebrachte radiale Querrisse "geschädigt". Ausgehend von einem anzunehmenden Oberflächenmikroanriß von 0,01mm erfolgte das Wachstum der Risse geradlinig in einer vorgegebenen Ausbreitungsrichtung jeweils in Schritten von 1-2mm. Es kamen verschieden gerichtete Querrisse zur Untersuchung, wobei die Ausbreitungsrichtung in einem von der Horizontalen aus nach unten gerichteten Winkelfeld von 0-60° variierte. Für die Innendruckbelastung wurde bei diesen Untersuchungen vereinfachend eine konstante Verteilung von 1800 N/mm² angenommen.

**Bild 6.19** zeigt in einer qualitativen Darstellung für den Fall der horizontalen Rißausbreitung (Ausbreitungswinkel $\beta = 0°$) die Entwicklung der Spannungsintensität $K_I$, $K_{II}$ im Werkzeugquerschnitt für die einzelnen, untersuchten Prozeßstadien. Es fällt auf, daß die Rißöffnung mit einem Mode-I-Anteil nur bei kleinen Rißtiefen und bei weitgehendem Füllungsgrad des Werkzeugs eintritt. Ist der Riß geöffnet, können durch die hohen Prozeßdrücke Schmiermittelreste oder Werkstoffpartikel in den Riß eingepreßt werden, die eine zusätzliche

Belastung darstellen. Diese Zusatzbelastung wurde aber in den der Abbildung zugrundeliegenden Berechnungen noch nicht berücksichtigt.

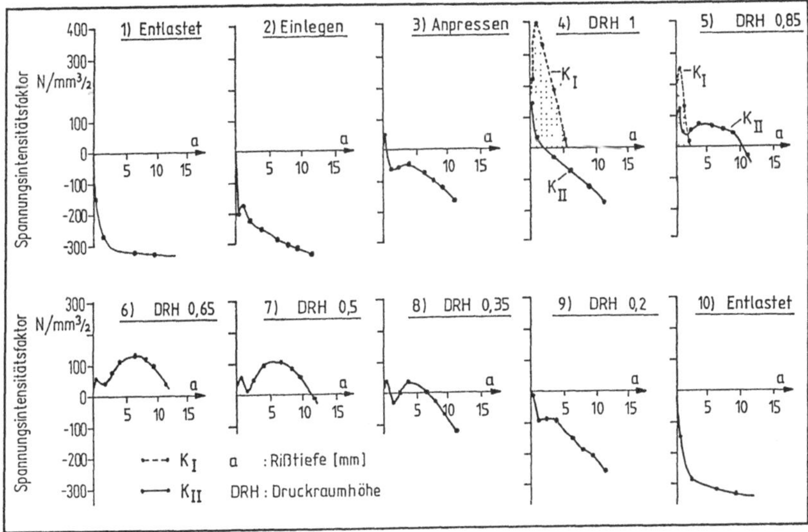


**Bild 6.19:**   Entwicklung der Spannungsintensitätsfaktoren im Werkzeugquerschnitt mit zunehmender Rißtiefe

Der Abbildung ist weiterhin zu entnehmen, daß der Innendruck bei Vorgangsbeginn (Einlegen und Anpressen des Rohlings) sowie bei geringeren Druckraumhöhen < DRH 0,65 bis hin zum Vorgangsende mit der entlasteten Matrize noch nicht oder nicht mehr in der Lage ist, den Riß zu öffnen. Diese Vorgangszeiträume liefern lediglich eine reine Mode-II-Beanspruchung (Schub) mit wechselndem Vorzeichen als Ergebnis des Belastungsverhältnisses von Innendruck und Armierungsvorspannung. Die Schubbeanspruchung erhält hierbei verständlicherweise, infolge des verminderten Werkzeugrestquerschnitts, mit wachsendem Riß eine zunehmend negative Komponente; der $K_{II}$-Faktor fällt dementsprechend stärker in den negativen Bereich ab.

Der zu beobachtende, verhältnismäßig kurze Mode-I-Einfluß bei kleinen Rißtiefen ist darauf zurückzuführen, daß die verantwortliche axiale Zugspannung $\sigma_z$, die die Rißöffnung bewirkt, im Inneren der Werkzeugwand schnell abnimmt und sogar, wie gezeigt, in den Druckspannungsbereich übergeht (vgl. **Bild 6.11**). Die daraus theoretisch resultierenden negativen $K_I$-Faktoren haben jedoch praktisch keine Bedeutung, da der Riß geschlossen ist. Auf ihre weitere Darstellung wurde aus diesem Grunde verzichtet.

Werden die $K_I$ und $K_{II}$- Werte einer ausgewählten Rißtiefe für alle berechneten Vorgangsschritt über einer Zeitachse aufgetragen und die Einzelwerte anschließend interpoliert, kann der Verlauf der Spannungsintensitätsfaktoren für den untersuchten Rißfall als Funktion der Vorgangszeit in einem Zeit-Belastungsdiagramm zusammenfassend dargestellt werden, vgl. **Bild 6.7.** Man erhält auf diese Weise die dynamische Rißspitzenbeanspruchung der untersuchten Rißtiefe und den dazugehörigen lokalen Amplitudenwert in Form des zyklischen Spannungsintensitätsfaktors $\Delta K_v$. Dieser faßt, wie beschrieben, den Einfluß der wechselnden Mixed-Mode-Beanspruchung für einen kompletten Zyklus in einem einparametrigen Belastungskennwert zusammen, vgl. Gl.(4.33).

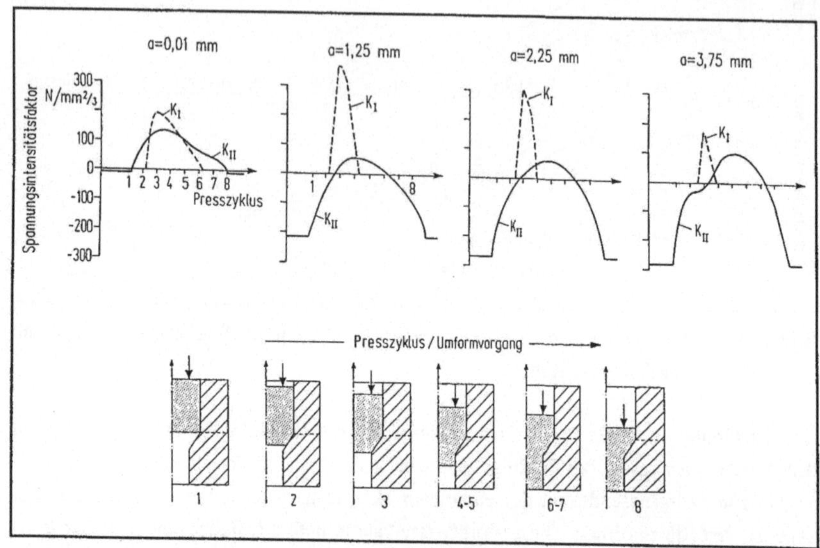


**Bild 6.20:**   Entwicklung der zeitlichen Rißspitzenbeanspruchung für unterschiedliche Rißtiefen bei horizontaler Rißausbreitung (ß = 0°)

In **Bild 6.20** ist hierzu als Ergebnis der horizontalen Rißverlängerung die dynamische Rißspitzenbeanspruchung für unterschiedliche Rißtiefen dargestellt. Auch hier zeigt sich, daß der Mode-I-Anteil mit zunehmender Rißtiefe geringer wird. Die Mixed-Mode-Beanspruchung nimmt daher ebenfalls mit wachsendem Riß kontinuierlich ab, nachdem sie für die Maximalbelastung bei vollständig ausgefüllter Matrize und einer Rißtiefe von ca. 1mm ihren Höchstwert erreicht hat. In diesem Anfangsbereich sind auch die Bedingungen für instabiles Rißwachstum erfüllt. Risse länger als ca.4mm liefern schließlich nur noch eine reine oszillierende Schubspannungsbeanspruchung (Mode II).

Die Analyse der nachempfundenen Rißausbreitung unter einem Winkel von 30° ergibt ähnliche Ergebnisse, **Bild 6.21**. Die oszillierende Mode-II-Beanspruchung unterliegt jedoch keinem Vorzeichenwechsel mehr und bleibt über den gesamten Vorgang negativ. Die Innendruckbelastung bewirkt - im Gegensatz zur horizontalen Rißausbreitung - durch den schräg angestellten Riß eine verstärkte Verschiebung des unteren Rißufers und damit eine größere Mode-II-Beanspruchung unter negativem Vorzeichen. Eine zusätzlich in das Modell eingebrachte Reibungsbehinderung der Rißflanken (Reibfaktor $\mu=0,3$) konnte zeigen, daß unter axialem Druck und Rißschluß die Schubspannungsbeanspruchung der Rißspitze verringert wird. Dies ist an kleineren $K_{II}$-Werten abzulesen. Auf diese Möglichkeit zur näherungsweisen Berücksichtigung des 'crack-closure effect' unter Mode-II-Bedingungen wurde in Abschnitt 4.7.2 hingewiesen.

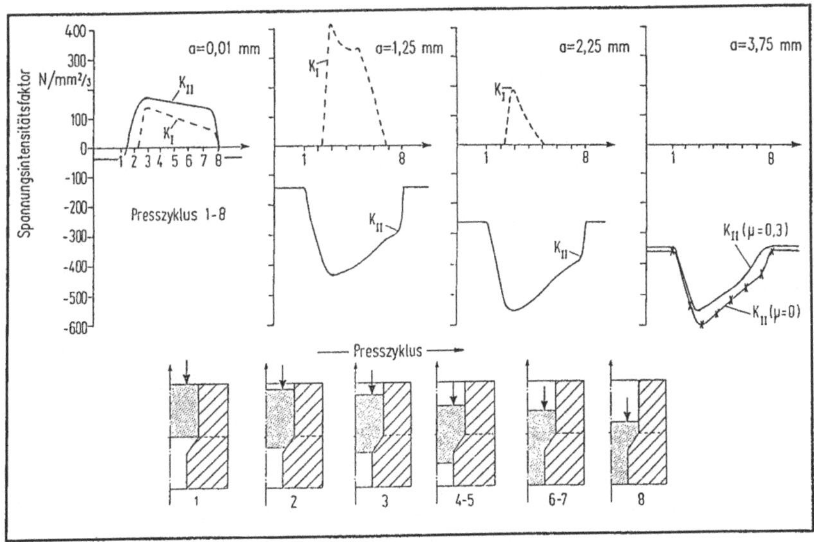


**Bild 6.21:**  Entwicklung der zeitlichen Rißspitzenbeanspruchung für unterschiedliche Rißtiefen bei schräg nach unten geneigter Rißausbreitung (ß = 30°)

Beim Vergleich beider Darstellungen fällt auf, daß die Belastungsorientierung der Mode-II-Komponente für den horizontalen Rißfall sich genau entgegengesetzt zu der des geneigten Risses verhält. Bei horizontaler Ausbreitung wird die Schubkomponente während des Mode-I-Beanspruchungmaximums entlastet und wechselt kurzzeitig sogar die Richtung der Rißuferschiebung (positiver Mode-II-Anteil). Die Rückbelastung auf das negativen Niveau der vorgespannten Matrize erfolgt erst nach dem Abklingen der Mode-I-Komponente; die beiden

Belastungskomponenten 'schwingen' somit gegenläufig, d.h. außerphasig. Demgegenüber setzt der Anstieg der zyklischen Belastung von Mode-I und Mode-II für den geneigten Riß zeitgleich ein, d.h. sie 'schwingen' in Phase. Es ist daher zu vermuten, daß die Rißausbreitung entlang der beiden virtuellen Rißpfade, trotz vergleichbarer Belastungsamplituden, ein unterschiedliches Verhalten aufweist, vgl. **Bild 6.22**. Hierzu fehlen jedoch entsprechende experimentelle Erkenntnisse.

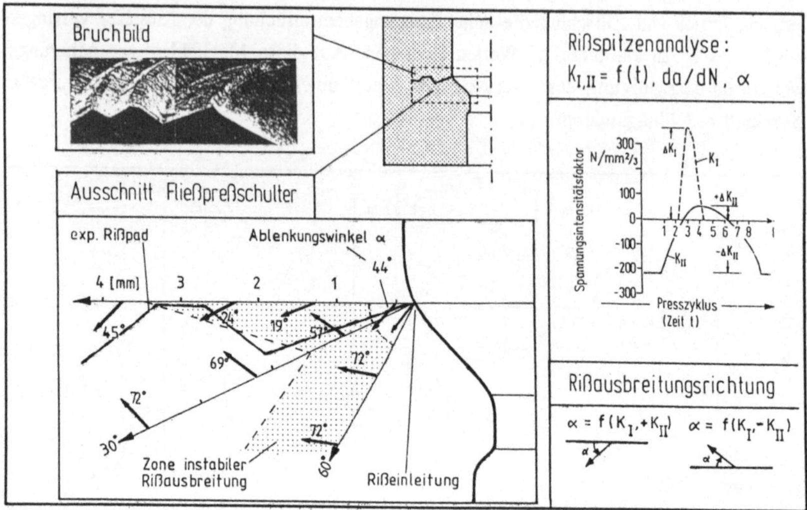



**Bild 6.22:**    Voraussichtliche Rißwachstumsrate und -ausbreitungsrichtung im rißkritischen Werkzeugbereich

**Bild 6.20** und **6.21** stellen stellvertretend die Rißspitzenbeanspruchung für unterschiedliche Rißtiefen und die Ausbreitungsrichtungen $\beta=0°$ und $\beta=30°$ dar. Vergleichbare Berechnungen wurden darüberhinaus für ß$=15°$ und ß$=60°$ durchgeführt. Bei einem Winkel von $60°$ ist nur noch eine Mode-II-Beanspruchung festzustellen, während bei einer Richtung von $15°$ der Mode-I-Anteil nahezu unverändert bleibt und der Mode-II-Anteil stark verringert zwischen den Tendenzen für $0°$ (Bild 6.20) und $30°$ (Bild 6.21) zu liegen kommt. Die aus den Untersuchungen gewonnenen Ergebnisse der Rißspitzenbelastung lassen sich in Form der Ausbreitungsgeschwindigkeit und -richtung interpretieren und charakterisieren als Stützpunkte das Rißwachstumsverhalten des betrachteten Winkelfeldes, **Bild 6.22**.

Die Ausbreitungsrichtung wird hierbei durch den lokalen Rißablenkungswinkel, der sich aus dem Verhältnis von $K_I/K_{II}$ ermitteln läßt, und dem Vorzeichen des $K_{II}$-Wertes bestimmt. Bei reiner Mode-II-Beanspruchung liegt der Ablenkungswinkel bei ca. $70°$. Für positives $K_I$

ist er definitionsgemäß schräg nach unten gerichtet, für negatives $K_{II}$ entsprechend nach oben, vgl. **Bild 4.14**. Die Rißausbreitungsgeschwindigkeit wird über die modifizierte Rißwachstumsformel nach *Forman* bestimmt, Gl.(4.31).

Mit den ermittelten Ergebnissen über Ausbreitungsrichtung und -geschwindigkeit läßt sich das voraussichtliche Bruchverhalten des kritischen Werkzeugsektors vorab beurteilen und graphisch in Form eines Rißwachstumsfeldes darstellen. Die beschreibenden Feldvektoren geben die zu erwartende Ausbreitungsrichtung und ihr Betrag die voraussichtliche Wachstumsgeschwindigkeit für den Rißausbreitungsfall wieder. **Bild 6.22** stellt das charakterisierende Rißwachstumsfeld dar. Die Zonen instabilen Wachstums sind deutlich gekennzeichnet (vgl. Bild 6.24).

Im Praxisfall ist die anfängliche Rißeinleitung um ca.30-40° schräg nach unten gerichtet; der entsprechende Winkel ergibt sich auch aus der Simulation. Nach anfänglich gerichtetem Ermüdungsrißwachstum unter diesem Rißeinleitungswinkel folgt nach Erreichen einer kritischen Rißtiefe von 0,5-1mm infolge überkritischer Belastung quasi-instabiles stark ungerichtetes Wachstum.

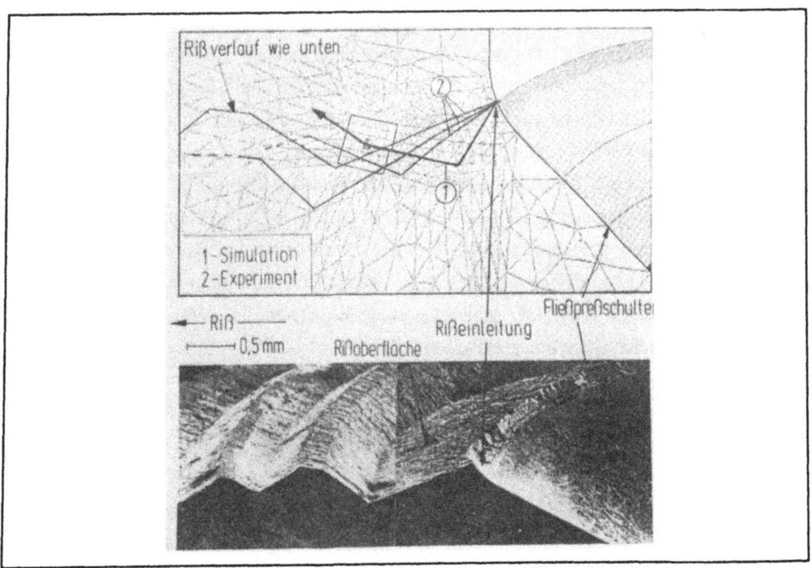


**Bild 6.23:**     Vergleich des Rißwachstumsverhaltens von (1) FE-Simulation und (2) experimentellen Standmengenuntersuchung nach *Reiss*

Das aus den Untersuchungen bekannte und für den Werkzeugtyp charakteristische Zick-Zack-Profil der Bruchfläche /20,21/ läßt sich nun anhand des Ausbreitungskennfeldes folgendermaßen erklären: Die Rißspitze eines frei wachsenden Risses, der sich ohne festgelegte geradlinige Ausbreitungsrichtung in dem betrachteten Werkzeugsektor ausbreiten kann, wird im übertragenen Sinne - ähnlich eines 'bewegten elektrischen Ladungsträgers' in einem Magnetfeld - durch die lokalen Feldlinien ausgerichtet und in eine bestimmte Richtung abgelenkt. Das sich dabei anfangs sprunghaft ändernde Ausbreitungsverhalten wird durch die sich am Anfang und am Ende jedes Lastzyklus verändernden Belastungsbedingungen bestimmt. Während des Ablaufs eines Belastungsvorgangs folgt demnach, als Folge überkritischer Beanspruchung bei maximaler Werkzeugbelastung, auf eine Phase sehr schnellen Rißwachstums unter gleichbleibender Ausbreitungsrichtung eine Phase der Rißarretierung durch allmähliche Werkzeugentlastung gegen Ende des Preßvorgangs. Bedingt durch die vollkommen veränderten Spannungsverhältnisse an der Rißspitze, führt eine neuerliche Werkzeugbelastung zum Anfang des nächsten Preßvorgangs zur beobachten Rißablenkung. Dieser Vorgang wiederholt sich offensichtlich mehrfach innerhalb der Grenzen des betrachteten Werkzeugbereichs bis eine Rißtiefe erreicht ist, deren Belastungsbedingungen kein quasi-instabiles Rißwachstum pro Lastwechsel mehr zulassen. Der Riß folgt dann als Ermüdungsbruch mehr oder weniger geradlinig der Richtung maximaler Energiefreisetzungsrate im Werkzeugquerschnitt. Die experimentellen Untersuchungen bestätigen dieser Übergang anhand der Ultraschallmeßergebnisse bei einer Rißtiefe von 5-6mm, vgl. **Bild 6.24.**

Auch in der Simulation ist es möglich, bei Wahl geeigneter Ausbreitungsinkremente, das typische Zick-Zack-Pofil nachzuvollziehen. **Bild 6.23** zeigt in diesem Zusammenhang die Oberflächenstruktur einer Bruchfläche sowie weitere ähnliche Rißprofile, wie sie bei experimentellen Standmengenuntersuchungen beobachtet wurden /20/, im Vergleich zu Simulationsergebnissen der ungebundenen Rißausbreitung für die ersten drei Belastungsschritte. Die experimentell ermittelten Rißverläufe bestätigen weitgehend die Ergebnisse der FE-Simulation, die durch frei simuliertes, schrittweises Rißwachstum im Werkzeugmodell ohne Vorgabe der Ausbreitungsrichtung erzielt wurden.


## 6.3.4 Abschätzung der Werkzeuglebensdauer

Eine Grundaufgabe der FE-Versagenssimulation ist die Abschätzung der Werkzeuglebensdauer. Sie soll eine Vorabbeurteilung der Werkzeugauslegung bereits in der Konstruktionsphase am Rechner erlauben und zeigen, ob die gewählte Lösung neben den technischen Kriterien auch den wirtschaftlichen Anforderungen hinsichtlich erreichbarer Standmenge genügt.

Die Rißausbreitungsgeschwindigkeit ist hierbei für die Lebensdauer des Werkzeuges die maßgebliche Größe. Da sich die Rißspitzenbelastung, wie aus den Abbildungen 6.20 und 6.21 zu entnehmen ist, mit dem Werkzeugquerschnitt ändert, wird eine entsprechende Veränderung auch bei der Wachstumsrate zu erwarten sein. Für die Berechnung der Rißausbreitungsgeschwindigkeit aus den lokalen Spannungsintensitäten wurden im Abschnitt 4.7 mit dem *Paris*-Gesetz Gl.(4.27) bzw. der modifizierten *Forman*-Gleichung Gl.(4.31) die geeigneten analytischen Hilfsmittel vorgestellt. Die benötigten Werkstoffkennwerte konnten für den betrachteten Kaltarbeitsstahl X155CrMoV121 aus den Rißwachstumsdiagrammen von /20/ übernommen werden, Tabelle 6.2:

| *Werkstoff* | *Konstante C* | *Exponent m* | *dKth .... $K_{Ic}$ [N/mm$^{3/2}$]* |
|---|---|---|---|
| *X155CrMoV121* | $3,4 \cdot 10^{14}$ | *3,7* | *210 .... 580* |

Der Vergleich der Wachstumsgeschwindigkeit aus der Simulationsrechnung mit Ergebnissen aus Standmengenuntersuchungen des gleichen Werkzeugtyps /20/ allerdings zeigt auf den ersten Blick eine Vorhersagegenauigkeit für die Ausbreitungsgeschwindigkeit, die qualitativ noch nicht immer befriedigen kann.

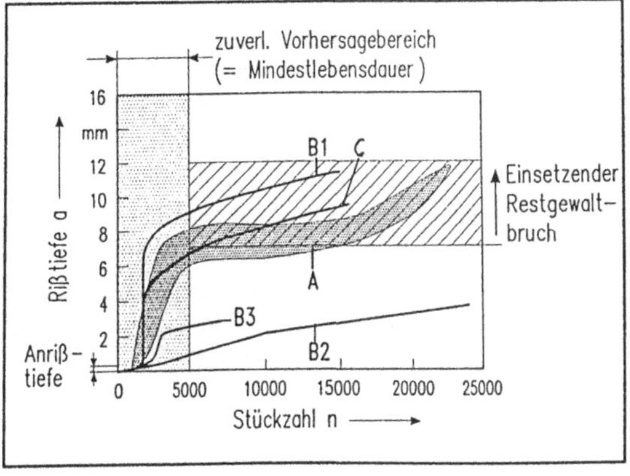


Bild 6.24: Rißausbreitungsgeschwindigkeit im Matrizenquerschnitt (Übergangsradius r=1mm), Vergleich von FE-Simulation und Werkzeuguntersuchung:
A) Ultraschalluntersuchung n. *Reiss* /20/
B) Simulationsergebnisse mit fehlerhafter Interpretation der Rißspitzenbelastung
C) Ergebnis nach optimierter Simulation

Das in **Bild 6.24** dargestellte Diagramm zeigt die entsprechende Gegenüberstellung der experimentellen Ultraschallmessungen (A) sowie die der abweichenden Simulationsergebnisse (Kurve B1-B3). Aufgetragen ist das Rißfortschrittsverhalten in Abhängigkeit der erreichten Rißtiefe *a* und der dazu benötigten Lastzyklenzahl (= Stückzahl) *N*. Die experimentellen Ergebnisse bestätigen zum einen den sehr großen Streubereich der Rißausbreitungsgeschwindigkeit und des Werkzeugversagens durch Restgewaltbruch ab einer kritschen Rißtiefe $a_{kr2}$, vgl. Bild 2.6, sowie die Zone sehr raschen (quasi-instabilen) Wachstums im Bereich zwischen 2 und 6mm. In diesem Bereich wird auch die charakteristische zick-zack-förmigen Rißausbreitung beobachtet, vgl. **Bild 6.23**.

Folgende Fälle wurden bei den Simulationsergebnissen aufgetragen: Kurve B2 zeigt die Wachstumsrate für die horizontale Ausbreitungsrichtung gemäß **Bild 6.20** bei Vernachlässigung der außerphasigen Belastung; sie unterschätzt demzufolge den Realfall deutlich. Kurve B1 gibt demgegenüber die Wachstumsgeschwindigkeit für den geneigten Riß gemäß **Bild 6.21** wieder; die Belastung tritt hierbei gleichphasig auf, so daß die Mixed-Mode-Beanspruchung richtig wiedergegeben wird und dadurch weitaus höher liegt als im Falle der Kurve B2. Der Verlauf B3 zeigt ansatzweise ferner das Ergebnis des abgeknickten Risses der Rißausbreitungssimulation; auch hier konnte die Außerphasigkeit nicht richtig erfaßt werden.

Für die starken Abweichung der einzelnen Kurven kommen folgende Begründung in Frage:
- das angewandte Wachstumsgesetz ist nicht in der Lage, durch die einfache zyklische Vergleichsspannungsintensität die komplizierte Mixed-Mode-Beanspruchung der Rißspitze in ausreichendem Maße zu erfassen; eine unterschiedliche Berechnungsgrundlage der zyklischen Spannungsintensität bei gleicher Belastung führt zu sehr unterschiedlichen Ausbreitungsgeschwindigkeiten (vgl. Kurve B1 und B2).
- die strikte Trennung zwischen unterschiedlichen Rißausbreitungsrichtungen (B1-B3) ist aufgrund der zick-zack-förmigen Rißausbreitung nicht realitätsnah; die tatsächliche Wachstumsgeschwindigkeit bewegt sich zwischen beiden Grenzfällen, wie andeutungsweise durch Kurve B3 angezeigt wird, vgl. Bild 6.22.
- das Modell beruht auf einer unzureichenden Annahme der Innendruckbelastung und berücksichtigt noch nicht die zusätzliche Rißbelastung durch eingepreßtes Schmieröl.
- die angewandten numerischen Berechnungsverfahren zur Bestimmung der Spannungsintensität geben nur ein ungenaues Bild der tatsächlichen Rißspitzenbeanspruchung.
- es treten Rißspitzenplastifizierungen auf, die das Ergebnis beeinflussen.

Als die beiden Hauptfehlerquellen haben sich somit bei dieser Untersuchung die unzureichende Annahme der Innendruckverteilung bei der Werkzeugberechnung sowie das Fehlen einer entsprechenden Interpretation der komplexen, teilweise außerphasigen Rißbelastung herausgestellte. Die Einführung des in Abschnitt 4.7.3 vorgestellten 'Zwei-Phasen-Modells' sowie die Werkzeugberechnung mit der Innendruckverteilung der Stoffflußsimulation konnte in diesem Zusammenhang bereits eine deutliche Verbesserung der Simulationsvorhersage erbringen (Kurve C). Das optimierte Prozeßmodell läßt demnach eine genauere Abschätzung des Bruchverhaltens zu, die in erster Näherung als zufriedenstellend für die weitere Werkzeugauslegung angesehen werden darf. Die verbleibende Abweichung ist mit Sicherheit zu einem großen Teil auf den stochastischen Charakter der Rißbelastung im Realfall zurückzuführen, der im Simulationsmodell vorerst nicht zu erfassen ist.

Die entscheidende Frage jedoch, die bei dem vorgestellten Konzept der Bruchsimulation offen bleiben muß, lautet: welchen Einfluß hat die Rißeinleitung auf die Gesamtlebensdauer des Werkzeuges? Die Simulation kann hierzu, aufgrund des gewählten Ansatzes eines bereits existierenden fiktiven Mikrorisses $\delta a$, keine Auskunft geben. Der zugehörige Realfall würde einer spontanen Rißeinleitung während des ersten Belastungszyklus entsprechen und in jedem Fall die Lastspielzahl $N=1$ ergeben; er hätte somit keinen Einfluß auf die Gesamtlastspielzahl bis zum Bruch. Die in der Praxis beobachtete Rißinitiierung, die erst nach einer gewissen Betriebsdauer zur Bildung eines Ermüdungsanrisses $a_i$ als Ausgangspunkt des weiteren Rißwachstums führt, kann daher beim derzeitigen Stand der Simulation im Modell nicht nachvollzogen werden!

Für die Simulation der Ermüdungsrißinitiierung erwächst daraus die Forderung ein erweitertes Modell der Anrißbildung in Form einer entsprechenden Programmroutine RISSEIN zur Verfügung zu stellen. Mit diesem Modell muß dann die Dauer bis zur Bildung eines wachstumsfähigen Anrisses $a_i$ als Beginn der Ermüdungsrißausbreitung beschrieben werden können, der anstelle des bisherigen fiktiven Mikrorisses $\delta a$ eine realistischere Ausgangsbasis für das erste Inkrement der Rißausbreitungssimulation im Programmteil RISSAUS bildet /139/. Diese Aufgabenstellung wurde in einem weiterführenden Forschungsabschnitt bearbeitet und in /75/ zusammengefaßt.

# 7. Zusammenfassung und Ausblick

Zu geringe Werkzeugstandmengen, ungenügende Prozeßsicherheit und Maschinenverfügbarkeiten durch unkalkulierbaren Werkzeugausfall sowie übermäßig lange Entwicklungszeiten bei der Werkzeugkonstruktion charakterisieren die Werkzeugproblematik in der Umformtechnik. Nur der konsequente Rechnereinsatz in Konstruktion und Verfahrensentwicklung kann zukünftig eine entscheidende Verbesserung der Situation bringen.

Ein wesentlicher Schritt auf diesem Weg ist die Einführung der FE-Prozeßsimulation und der darauf aufbauenden Simulation des Werkzeugversagens. Im Rahmen eines Design-Cycles bildet diese Kombination zusammen mit CAO (Computer Aided Optimization) ein neues Bindeglied zwischen den bisherigen CAD- und CAM-Anwendungen bei der Werkzeugherstellung. Die Detektion versagenskritischer Werkzeugbereiche sowie die Abschätzung der Werkzeuglebensdauer, als den beiden wichtigsten Möglichkeiten der Versagenssimulation, bieten sich dabei als Grundlage für eine frühzeitige Werkzeugbeurteilung und zielgerichtete Lebensdaueroptimierung bereits in der Konstruktionsphase an. Die Bereitstellung eines hierfür notwendigen Algorithmus zur Simulation des Bruchverhaltens von Umformwerkzeugen sowie dessen programmtechnische Realisierung in Form eines Post-Prozessorbausteins für die FE-Werkzeuganalyse war Aufgabe und Gegenstand der vorliegenden Forschungsarbeit.

Der erste Schritt hierzu war eine umfassende Erarbeitung der bruchmechanischen Grundlagen und deren Anpassung an die besonderen Bedürfnisse der Werkzeugsimulation. Die dafür gewählte Beschreibung des Bruchverhaltens von Umformwerkzeugen baut auf dem bekannten K-Faktor-Konzept der linear-elastischen Bruchmechanik (LEBM) auf. Unter Annahme eines nahezu elastischen Werkstoffverhaltens beschreibt das Konzept in Abhängigkeit der zyklischen Rißspitzenbeanspruchung das zu erwartende Rißausbreitungs- und Bruchverhalten und ermöglicht eine qualitative Lebensdauerabschätzung. Die FE-Simulation der Rißspitzenbeanspruchung im Werkzeugquerschnitt in Kombination mit den numerischen Methoden der Bruchmechanik erlaubt hierbei die Analyse beliebiger Rißkonfigurationen unabhängig von der vorliegenden Werkzeuggeometrie. Der folgende Überblick faßt nochmals die verwendeten Grundpfeiler der numerischen Bruchmechaniksimulation zusammen.

■ Die für die Simulation erforderliche Information der Rißspitzenbeanspruchung wird durch den *Spannungsintensitätsfaktor K* ausgedrückt. Er beschreibt in Abhängigkeit von Rißtiefe und lokaler Belastung die Gefährlichkeit eines bestehenden Risses für das betrachtete Werkzeug.

■ Der Spannungsintensitätsfaktor läßt sich mit Hilfe der FE-Analyse numerisch einfach ermitteln. Verwendung findet hierbei eine spezielle, ringförmige FE-Rißspitzenstruktur mit kollabierten, singulären *Viertel-Punkt-Elementen*. Für einfachere Simulationsanwendungen wurde darüberhinaus ein analytischer Lösungsansatz zur Verfügung gestellt.

■ Die numerische Berechnung des Spannungsintensitätsfaktors erfolgt über die Gesetzmäßigkeiten der LEBM aus dem *J-Integral*, das in der strengen Formulierung nach *Rice* automatisch aus den FE-Ergebnissen der Rißspitzenumgebung durch eine Postprozessor-Routine bestimmt werden kann.

■ Liegt eine kombinierte Rißspitzenbeanspruchung aus überlagerter Zug- (*Mode I*) und Schubbeanspruchung (*Mode II*) vor, werden die Spannungsintensitätsfaktoren $K_I$ und $K_{II}$ für den Zug- bzw. Schubanteil getrennt mit Hilfe des Separationsverfahrens nach *Ishikawa* bestimmt. Als einparametriger Beanspruchungsparameter wird daraus in einer Formulierung nach *Richard* der Vergleichsspannungsintensitätsfaktor $K_v$ der vorliegenden Mixed-Mode-Beanspruchung berechnet.

■ Bei zyklischer Werkzeugbeanspruchung muß zur Ermittlung der effektiven K-Faktor-Amplitude $\Delta K$ mindestens eine Rißspitzenanalyse für den Zustand maximaler und minimaler Werkzeugbelastung vorgenommen werden. Aus den getrennt erhaltenen Amplitudenwerten $\Delta K_I$ und $\Delta K_{II}$ des Mode-I- und des Mode-II Anteils wird anschließend der zyklische Vergleichsspannungsintensitätsfaktor $\Delta K_v$ abgeleitet.

■ Zur Modellierung des Rißfortschritts im Simulationsmodell wird die Rißausbeitungsrichtung benötigt, die in einer Formulierung nach *Richard* in Form des Rißablenkungswinkels $\varphi_0$ durch das Verhältnis der beiden Beanspruchungsarten Mode I und Mode II gegeben ist.

■ Bei Anwendung bekannter Rißwachstumsgesetze nach *Paris* oder *Forman* läßt sich aus dem Parameter $\Delta K_v$ der totalen zyklischen Rißspitzenbeanspruchung die Rißausbreitungsgeschwindigkeit ermitteln. Durch Integration dieser Gleichungen kann schließlich für ein vorgegebenes Rißausbreitungsinkrement *da* die inkrementelle Lastspielzahl *N* als Grundlage der Lebensdauerbetrachtung berechnet werden.

■ Bei Summation dieser inkrementellen Lastspielzahlen für die einzelnen Ausbreitungsinkremente von der Rißinitiierung bis zum abschließenden Restgewaltbruch steht somit abschließend eine erste Abschätzung der voraussichtlichen Werkzeuglebensdauer zur Verfügung.


Bevor jedoch das Bruchverhalten der Umformwerkzeug näher untersucht werden kann, setzt die Versagenssimulation zunächst eine intensive Analyse der Werkzeugbeanspruchung als Reaktion auf den Umformprozeß voraus. Es galt daher als zweiten wesentlichen Untersuchungsschritt die Grundlagen der Werkzeug- und Prozeßsimulation zu erarbeiten. Für das ausgewählte Verfahrensbeispiel des Voll-Vorwärts-Fließpressens konnte hierfür mit Hilfe einer Stoffflußsimulation die zeitabhängige Prozeßbelastung der Werkzeugoberfläche in Form der Kontaktbedingungen der Wirkfuge zwischen Werkstück und Werkzeug ermittelt und auf das FE-Werkzeugmodell übertragen werden. Die resultierenden Spannungs-Dehnungsergebnisse der FE-Beanspruchungsanalyse stellten nachfolgend die Ausgangsbasis für die bruchmechanische Betrachtung der Ermüdungsrißausbreitung im Werkzeugquerschnitt dar.

Dies gelang unter Anwendung der vorgestellten Bruchmechanikkonzepte mit Hilfe eines eigens entwickelten Rißausbreitungsalgorithmus. Durch schrittweise Simulation des Ermüdungsrißwachstums im FE-Modell und inkrementeller Betrachtung der Rißausbreitungsgeschwindigkeit - ausgehend von der Rißeinleitung an einem angenommenen Mikroriß an der Bauteiloberfläche bis hin zum Restgewaltbruch - erlaubt der Algorithmus die Klärung des Rißverlaufs im Bauteilinneren wie auch die Abschätzung der dafür erforderlichen Lastspielzahl bzw. erreichbaren Lebensdauer.

Die Überprüfung der angewandten numerischen Bruchmechanikmethoden, wie auch der direkte Vergleich der Simulation mit experimentellen Rißfortschrittsuntersuchungen am Beispiel gekerbter Drei-Punkt-Biegeproben, erbrachte eine hohe Zuverlässigkeit der Simulationsergebnisse. Dies wurde auch mit Blick auf den Rißausbreitungspfad im Werkzeugquerschnitt am konkreten Beispiel einer Fließpreßmatrize im wesentlichen bestätigt. Die hierzu benötigten Vergleichsergebnisse ließen sich direkt von Standmengenuntersuchungen an baugleichen Fließpreßwerkzeugen aus der Literatur übernehmen.

Die erreichbare Abschätzungsgenauigkeit der Rißausbreitungsgeschwindigkeit im Werkzeugquerschnitt, als Basis der Lebensdauervorhersage, konnte auf den ersten Blick hingegen nicht befriedigen. Ursächlich hierfür waren die nicht erfaßbaren stochastischen Einflüsse der Werkzeugbelastung, unzureichende Materialkennwerte und Modellannahmen sowie vor allem die komplexe zyklische Rißspitzenbeanspruchung, die durch herkömmliche Rißspitzenparameter und Rißwachstumsgesetze nicht beschrieben werden kann. Eine dahingehende Optimierung des Simulationsmodells bewirkte zwar eine deutliche Verbesserung der Vorhersagegenauigkeit, das generelle Problem der Bruchmechanik bei der Rißwachstumsbeschreibung unter komplexen, mehrachsig und außerphasig schwingenden Beanspruchungszuständen, wie sie bei Umformwerkzeugen vorgefunden werden, konnte dadurch aber nicht völlig behoben werden.

Die bruchmechanischen Untersuchungen an Umformwerkzeugen haben aber trotz dieser noch ungelösten Schwierigkeiten zu zeigen vermocht, daß die FE-Werkzeuganalyse in Kombination mit der numerischen Bruchmechanik durchaus in der Lage ist, konkrete Hinweise über das vermutliche Versagensverhalten des Werkzeugs unter Einsatzbedingungen als Grundlage für eine nachfolgende Optimierung zu liefern. Es konnte auch gezeigt werden, daß sich die Effizienz der Versagenssimulation durch die Wahl einer analytischen Betrachtungsweise der Rißausbreitung deutlich steigern läßt. Dem Anwender ist es damit näherungsweise möglich, in einem einzigen Berechnungsdurchgang, ohne zeitaufwendige Neumodellierung des Werkzeugmodells zur Rißfortschrittssimulation, eine erste Beurteilung des Bruchverhaltens durchzuführen. Der Vergleich von Konstruktionsvarianten zur Optimierung der Werkzeuglebensdauer am Rechnermodell kann damit erheblich beschleunigt werden und wird für die praktische Anwendung interessant.

Grundvoraussetzung für eine zuverlässige Versagenssimulation sind allerdings zum einen eine exakte Prozeßmodellierung durch den Anwender sowie zum anderen ausreichend verfügbare Werkstoffkennwerte. Diese stellen jedoch nach wie vor ein Hauptproblem der Versagenssimulation dar und sind für gängige Werkzeugwerkstoffe nur selten erhältlich. Hier müßten seitens der Stahlhersteller in Zukunft noch verstärkt die entsprechenden Daten zur Verfügung gestellt werden.

Als weiteres zentrales Problem der Versagenssimulation hat sich die bislang unzureichende Beschreibung der Rißinitiierungsphase an der Werkzeugoberfläche herausgestellt. Durch Vorgabe eines 'fiktiven' Mikrorisses, als Folge fertigungs- oder werkstoffbedingter Oberflächenfehler, kann die teilweise beträchtliche Anrißlebensdauer bis zur Bildung eines wachstumsfähigen Ermüdungsrisses nicht berücksichtigt werden. Die Lebensdauerabschätzung verliert damit an Aussagekraft. Sie verlangt daher zur verbesserten Simulation der Anrißbildung, als erstem Schritt des Ermüdungsrißwachstums, nach einem entsprechenden Versagenskonzept zur Beschreibung der lokalen Oberflächenermüdung am Simulationsmodell. Dieser Problemstellung, insbesondere der damit verbundenen Berücksichtigung der technischen Oberflächeneinflüsse im Simulationsmodell, müssen sich zukünftig weitere Forschungsarbeiten annehmen.

# Literaturverzeichnis


/1/  Geiger, R.; Hänsel, M.: Fließpreßtechnik 1990 in Europa - Anwendungen, Stand der Technik, Entwicklungen; VDI Berichte Nr.810, S.297-336, Düsseldorf: VDI-Verlag 1990.

/2/  Geiger, M.; Hänsel, M.: Gestaltungsmöglichkeiten mit Blechwerkstoffen; Hauptvortrag der VDI-Tagung: Konstruieren in Guß und Blech, Köln, 1988, unveröffentlichter Beitrag zu VDI Berichte Nr.680, Düsseldorf: VDI-Verlag 1988.

/3/  Lange, K.: Umformtechnik. Handbuch für Industrie und Wissenschaft, Bd 1, 2. Auflage, Berlin/Heidelberg/Tokyo: Springer 1984.

/4/  Cser, L.; Geiger, M.; Lange, K.; Kals, J.A.G.; Hänsel, M.: Werkzeuglebensdauer und Werkzeugqualität in der Massivumformung; Teil 1: Umformtechnik 27(1993)2, S.109-115, Teil 2: Umformtechnik 27(1993)3, demnächst.

/5/  König, W.; Rozsnoki, L.; Treppe, F.: Standzeiterhöhung von Werkzeugen zur Warmumformung durch Laserstrahlbehandlung, In: 4. Umformtechnisches Kolloquium Darmstadt, 1991, S.17.1-17.6.

/6/  Geiger, R.; Hänsel, M.: CA-Techniken in der Kaltmassivumformung, Umformtechnik 26 (1992) 1, S.19-22.

/7/  Lange, K.; Körner, E.; Makosch, W.: Anwendung von CAD/CAE bei der Konstruktion von Umformwerkzeugen, Draht 39 (1987) 7, S.775-779.

/8/  Lange, K.; Roll, K.; Wilhelm, M.; Herrmann, M.: Prozeßsimulation in der Umformtechnik, In: 4. Aachener Stahlkolloquium, Aachen 1988, S.5.2/1-15.

/9/  König, W.; Eversheimer, W.; Steffens, K.; Goldstein,M.: CAD-Einsatz in der Umformtechnik, Industrie-Anzeiger 107 (1985) 26, S.27-30.

/10/  König, W.; Steffens, K.; Bieker, R.: CAD-Moduln zur Stoffflußsimulation, Industrie-Anzeiger 107 (1985) 26, S.22-26.

/11/  Damm, K.; Spahn, P.: CAD-CAM-Einsatz in der Umformtechnik, Werkstatt und Betrieb 118 (1985) 10, S.665-676.

/12/  Geiger, R.; Hänsel, M.: Entwicklungen bei Werkzeugen für das Fließpressen, Draht 42 (1991) 10, S.719-725.

/13/  N.N.: Leistungssteigerung von Werkzeugen, Wettbewerbsfaktor Produktionstechnik, Tagungsband - Werkzeugmaschinen Kolloquium Aachen 1990, S.171-210.

/14/  VDI-Richtlinie 3198: Beschichten von Werkzeugen der Kaltmassivumformung - CVD- und PVD-Verfahren, Düsseldorf: VDI-Verlag 1992.

/15/  Schulz, H.; Bergmann, E.: Beschichtung von Hartmetallwerkzeugen mit PVD-Verfahren, Zeit. f. wirt. Fertig. und Automatisierung 83 (1988) 7.

/16/ Keller, K., Koch, F.: CVD-Beschichtung von Fließpreßwerkzeugen, VDI-Zeitung 131 (1989) 10, S.42-50.

/17/ Pöhlandt, K.; Lange, K.: Ionenimplantation von Umformwerkzeugen im Vergleich zu herkömmlichen Verschleißschutzbeschichtungen, VDI Berichte Nr.810, S.115-128, Düsseldorf: VDI-Verlag 1990.

/18/ König, K.; Lung, D.: Neuere Entwicklungen zur Technologie der Werkzeugherstellung, VDI Berichte Nr.810, S.377-412, Düsseldorf: VDI-Verlag 1990.

/19/ Reiss, W.; Schröder, G.: Werkzeuglebensdauer und Werkzeugbruch in der Massivumformung, Werkstattstechnik 77 (1987), S.31-35, S.219-222, S.333-337.

/20/ Reiss, W.: Untersuchungen des Werkzeugbruches beim Voll-Vorwärts-Fließpressen, Berichte aus dem Inst. für Umformtechnik Nr.94, Univ. Stuttgart, Berlin/Heidelberg/-New York/London/Paris/Tokyo: Springer 1987.

/21/ Hettig, A.: Einfluß auf den Werkzeugbruch beim Voll-Vorwärts-Fließpressen, Berichte aus dem Inst. für Umformtechnik Nr.106, Univ. Stuttgart, Berlin/-Heidelberg/New York/London/Paris/Tokyo/Hong Kong/Barcelona: Springer 1990.

/22/ Geiger, M.; Hänsel, M.: FE-Simulation des Werkzeugversagens von Fließpreßmatrizen, VDI Berichte Nr.810, S.349-376, Düsseldorf: VDI-Verlag 1990.

/23/ Wißmeier, H.-J.: Beitrag zur Beurteilung des Bruchverhaltens von Hartmetall-Fließpreßmatrizen, Fertigungstechnik Erlangen Nr.8, München/Wien: Hanser 1989.

/24/ Berns, H.: Neuere Entwicklungen bei Werkzeugwerkstoffen der Kaltmassivumformung, VDI Berichte Nr.810, S.77-86, Düsseldorf: VDI-Verlag 1990.

/25/ Groenbaek, J.: Stripwound Cold Forging Tools - A Technical and Economical Alternative, VDI Berichte Nr.810, S.139-151, Düsseldorf: VDI-Verlag 1990.

/26/ Geiger, R.: Moderne Methoden der Qualitätssicherung in der Umformtechnik, Umformtechnik 25 (1991) 4, S.69-76.

/27/ Brankamp, K.; Bongartz, B.: Der moderne Stanzbetrieb: Vom Sensormonitoring zur Geisterschicht, Düsseldorf: VDI-Verlag 1985.

/28/ König, W.; Goldstein, M.: Prozeßkenngrößen beim Kaltfließpressen erfassen, Industrie-Anzeiger 29 (1987) S.24-27.

/29/ Hettig, A.; Lange, K.: Werkzeugüberwachung beim Vollvorwärtsfließpressen im Hinblick auf die Ermüdungsrißerkennung, Umformtechnik, 26 (1992) 2, S.95-97.

/30/ Cser, L.: Objektorientierte Wissensdarstellung in einem Expertensystem zur Vorhersage des Werkzeugversagens, Veröffentlichung in Vorbereitung, 1992.

/31/ Geiger, R.; Woska, R.: Fließpressen, In: Handbuch der Fertigungstechnik Bd. 2/2 Umformen, Spur/Stöferle (Hrsg.), München/Wien: Hanser 1984.

/32/ Krämer, G.: Ein Beitrag zur beanspruchungsgerechten Auslegung von rotationssymmetrischen Fließpreßmatrizen, Berichte aus dem Inst. für Umformtechnik Nr.49, Univ. Stuttgart, Essen: Girardet 1979.

/33/ Kopp, R.; Arfmann, G.; Becker, M.: Optimierungsstrategien in der Umformtechnik, In: 3. Umformtechn. Kolloquium, Darmstadt 1988, S.5/1-8.

/34/ Du, G.: Ein wissensbasiertes System zur Stadienplanermittlung beim Kaltmassivumformen, Berichte aus dem Inst. für Umformtechnik Nr.111, Univ. Stuttgart, Berlin/Heidelberg/New York/London/Paris/Tokyo/Hong Kong: Springer 1991.

/35/ Körner, E.: Rechnerunterstützte Konstruktion von rotationssymmetrischen Schmiedeteilen und Warmfließpreßwerkzeugen, Berichte aus dem Inst. für Umformtechnik Nr.105, Univ. Stuttgart, Berlin/Heidelberg/New York/London/Paris/Tokyo/Hong Kong/Barcelona: Springer 1990.

/36/ Cser, L.: Stand der Anwendungen von Expertensystemen in der Umformtechnik, Teil 1: Umformtechnik 25 (1991) 4, S.77-83, Teil 2: Umformtechnik 26 (1992) 1, S.49-60.

/37/ Sevenler, K.; Altan, T.: Computer Applications in Cold Forging - Determination of the Processing Sequence and Die Design, VDI Berichte Nr.810, S.209-221, Düsseldorf: VDI-Verlag 1990.

/38/ Geiger, M.; Hänsel, M.; Rebhan, Th.: Improving the Fatigue Resistance of Cold Forging Tools by FE-Simulation and Computer Aided Die Shape Optimization, In: Journal of Engineering Manufacture, Part B, Proc. of the Institution of Mechanical Engineers, 1992, Vol.206, S.143-150.

/39/ Schröder, G.: Lebensdauer von Umformwerkzeugen - Neue Ansätze zur Abschätzung und Standzeitverbesserung, In: FGU-Seminar: Neuere Entwicklungen in der Massivumformung, Stuttgart 1985, S.7/1-7/19.

/40/ Schey, J.A.: Tribology in Metalforming, Metals Park Ohio: American Society for Metals 1984.

/41/ VDI-Richtlinie 3176: Vorgespannte Preßwerkzeuge für das Kaltmassivumformen, Düsseldorf: VDI-Verlag 1986.

/42/ VDI-Richtlinie 3186: Werkzeuge für das Kaltfließpressen von Stahl, Düsseldorf: VDI-Verlag 1972.

/43/ ICFG Document 4/82: General Aspects of Tool Design and Tool Materials for Cold and Warm Forging, Survey/GB: International Cold Forging Group, Portcullis Press Ltd. 1982.

/44/ ICFG Document 5/82: Calculation Methods for Cold Forging Tools, Survey/GB: International Cold Forging Group, Portcullis Press Ltd. 1982.

/45/ ICFG Document 4/82: General Recommendations for Design, Manufacture and Operational Aspects of Cold Extrusion Tools for Steel Components, Survey/GB: International Cold Forging Group, Portcullis Press Ltd. 1982.

/46/ Geiger, M.; Wißmeier, H.-J.: Auslegung von Fließpreßwerkzeugen, In: FGU-Seminar: Neuere Entwicklungen in der Massivumformung, Stuttgart, Juni 1985, S.6/1-6/25.

/47/ Heinemeyer, D.: Untersuchungen zur Frage der Haltbarkeit von Schmiedegesenken, Dissertationsschrift TU Hannover, 1976.

/48/ Weiergräber, M.: Werkzeugverschleiß in der Massivumformung, Berichte aus dem Inst. für Umformtechnik Nr.73, Univ. Stuttgart, Berlin/Heidelberg/NewYork/Tokyo: Springer 1983.

/49/ Wüthrich, C.; Schröder, G.: Anwendung von Methoden der Bruchmechanik zur Lebensdauerverbesserung von Umformwerkzeugen, Zeit. Werkstofftechnik, 11 (1980), S.417-422.

/50/ König, W.; Hofmann, H.-W.: Simulationsrechnung bein Zahnradfließpressen, Industrie-Anzeiger, 108 (1986) 32, S.16-19.

/51/ Dannenmann, E.: FE-Prozeßmodell für das Hohl-Vorwärts-Fließpressen, WGP-Berichte, Industrie-Anzeiger, (1988) 17, S.34-35.

/52/ Meidert, M.; Knörr, M.; Westphal, K.; Altan, T.: Numerical and Physical Modeling of Cold Forging of Bevel Gears, Int. J. Mat. Proc. Techn., 1992, (im Druck).

/53/ Chuan, M., Weiss, U.: Simulierung und Optimierung eines Gesenkschmiede-prozesses mit der Finiten-Elemente-Methode, Forschritts-Berichte VDI Reihe 2: Fertigungstechnik, Nr. 132, Düsseldorf: VDI-Verlag 1987.

/54/ Meyer-Nolkemper, H.: Simulation von Gesenkschmiedevorgängen, Industrie-Anzeiger, 108 (1986) 76, S.49-52.

/55/ Knörr, M.; Altan, T.: Anwendung des FEM-Programms DEFORM in der Massiv-umformung, In: FGU-Seminar: Neuere Entwicklungen in der Massivumformung, Stuttgart 1991, S.203-226.

/56/ Hirai, T.; Toshikazu, I.: Plastic Metal Flow under Frictional Boundary in Forward Extrusion Die and Stress Distribution of the Die, Int. J. Mach. Tool Des. Res., 26 (1986) 3, S.217-229.

/57/ Steininger, V.: Eine Untersuchung zur FE-Simulation von Gesenkschmiedeprozessen, Fortschritts-Berichte VDI Reihe 2: Fertigungstechnik, Nr. 195, Düsseldorf: VDI-Verlag 1989.

/58/ Baake, H.; Strobel, F.; Zagrodnik, W.: Ein Beitrag zur Ermittlung von Kontakt-normalspannungen beim Rückwärtsnapf- und Vorwärtsfließpressen bei Raum-temperatur, Dissertation TU Dresden 1974.

/59/ Matsubara, S.; Kudo, H.: Determination of Pressure Distribution over Tool Surface in Cold Forging with a Simple Sensor, Annals of the CIRP 25 (1977) 1, S. 95-100.

/60/ Mordassow, W.J.; Voelkner, W.; Walther, H.: Methode zur experimentellen Ermittlung von Kontaktnormalspannungen, Umformtechnik, Zwickau 15 (1981) 3, S.19-24.

/61/ Maegaard, V.: Physical Determination of Forming Loads and Pressure in Cold Forging, In: Proc. 7th Int. Congr. Cold Forging, University of Birmingham, April 1985, S.126-135.

/62/ Lange, K.: On the Stress Distribution in Prestressed Extrusion Dies under Non-uniform Distribution of Internal Pressure, Int. J. Mech. Sci., 27 (1985) 3, S.169-175.

/63/ Bay, N.: Surface Stresses in Cold Foreward Extrusion, Annals of CIRP 32(1983)1, S.195-199.

/64/ Voelkner, W.; Leopold, J.: Computer-Aided Engineering in Bulk Metal Forming - Selected Examples, In: Proc. 2nd Int. Conf. on Technology of Plasticity ICTP, Stuttgart, August 1987, Berlin/Heidelberg/New York/Tokyo: Springer 1987.

/65/ Altan, T.: Advances in Metal Forming Processes, Robotics & Computer-Integrated Manufacturing, 4 (1988) 1/2, S.121-128.

/66/ Lange, K.; Körner, E.: Neue Wege für Konstruktion und Fertigung von Umform-werkzeugen durch CAD/CAM, wt-Z. ind. Fert. 76 (1986) S.79-84.

/67/ Vu The Cuong: Beanspruchungsgerechte Auslegung von Fließpreßwerkzeugen mit numerischen Berechnungsmethoden, Berichte aus dem Inst. für Umformtechnik Nr.91, Univ. Stuttgart, Berlin/Heidelberg/NewYork: Springer 1987.

/68/ Neitzert, T.: Auslegung von rotationssymmetrischen Fließpreßwerkzeugen im Bereich elastisch plastischen Werkstoffverhaltens, Berichte aus dem Inst. für Umformtechnik Nr.62, Univ. Stuttgart, Berlin/Heidelberg/NewYork: Springer 1982.

/69/ Lange, K.; Geiger, M.; Krämer, G.: FEM-Berechnung von Schrumpfverbindungen unter radialem Innendruck. CAD-Berichte, KfK-CAD 133, Karlsruhe 1979.

/70/ Matsubara, S.; Kudo, H.: An Analyss of Stress and Strain Induced in some Die- and Punch Assemblies for Cold Forging by the Finite Element Method, In: Proc. 7th Int. Congr. Cold Forging, University of Birmingham, April 1985, S.63-69.

/71/ Kling, E.: Aufweitung von Fließpreßmatrizen mit überlagerter thermischer und mechanischer Beanspruchung, Berichte aus dem Inst. für Umformtechnik Nr.81, Univ. Stuttgart, Berlin/Heidelberg/NewYork/Tokyo: Springer 1985.

/72/ Bulander, R.: Werkzeugverfomungen beim Strangpressen und ihre Auswirkungen auf die Produktgenauigkeit, Berichte aus dem Inst. für Umformtechnik Nr.103, Univ. Stuttgart, Berlin/Heidelberg/New York/Tokyo: Springer 1989.

/73/ Hoffmann, K.-F.: Aufweitungsverhalten von Fließpreßmatrizen mit nichtrotations-symmetrischer Innenform, Berichte aus dem Inst. für Umformtechnik Nr.112, Univ. Stuttgart, Berlin/Heidelberg/New York/London/Paris/Tokyo/Hong Kong/Barcelona/-Budapest: Springer 1991.

/74/ Kocanda, A.: Die Steel for Warm Working - An Evaluation of Resistance to Cyclic Loading, Advanced Technology of Plasticity 1990, Vol.1, S.349-354.

/75/ Hänsel, M.: Beitrag zur Simulation der Oberflächenermüdung von Umformwerkzeugen, Dissertation, Bericht aus dem Lehrstuhl für Fertigungstechnologie, Universität Erlangen-Nürnberg, Reihe PSU Band 6, Berlin etc.: Springer 1993.

/76/ Berns, H.; Trojahn, W.: Einfluß der Wärmebehandlung auf das Ermüdungsverhalten ledeburitischer Kaltarbeitsstähle, VDI-Z, 127 (1985) 22, S.889-892.

/77/ Berns, H.; Lueg, J.; Trojahn, W.; Wähling, R.; Wisell, H.: The Fatigue Behaviour of Conventional and Powder Metallurgical High Speed Steels, Powder Metallurgy International, 19 (1987) 4, S.22-26.

/78/ Dieter, G.E.: Application of Material Testing - Fatigue of Metals, In: Mechanical Matallurgy, SI Metric Edition, London: Mc Graw-Hill Book Comp. 1988.

/79/ Klein, B.: Schadenskritische Bewertung von Bauteilen im Konstruktionsstadium, VDI-Z, 130 (1988) 3, S.60-66.

/80/ Heuler, P.; Schütz, W.: Assessment of Concepts for Fatigue Crack Initiation and Propagation Life Prediction, Zeit. Werkstofftechnik, 17 (1986), S.397-405.

/81/ Seeger, T.; Heuler, P.: Ermittlung und Bewertung örtlicher Beanspruchungen zur Lebensdauerabschätzung schwingbelasteter Bauteile, In: Ermüdungsverhalten metallischer Werkstoffe, Hrsg. D. Munz, Vortragstext eines Symposiums der Deutschen Gesellschaft für Metallkunde DGM, 1984.

/82/ Schwalbe, K.-H.: Bruchmechanik metallischer Werkstoffe, München/Wien: Hanser 1980.

/83/ Atluri, N.S.: Computational Methods in the Mechanics of Fracture, Vol.2 in Computational Methods in Mechanics, First Series in Mechanics and Mathematical Methods, A Series of Handbooks, Hrsg.: J.D. Achenbach, Amsterdam/New York/Oxford/Tokyo: North Holland 1986.

/84/ Owen, D.R.J.; Fawkes, A.J.: Engineering Fracture Mechanics: Numerical Methods and Applications, Swansea U.K.: Pineridge Press Ltd. 1983.

/85/ Saouma, V.E.; Zatz, I.J.: An Automated Finite Element Procedure for Crack Propagation Analyses, Engin. Frac. Mech., 20 (1984) 2, S.321-333.

/86/ Boone, T.J.; Wawrzynek, P.A.; Ingraffea, A.R.: Finite Element Modelling of Fracture Propagation in Orthotropic Materials, Engin. Frac. Mech., 26 (1987) 2, S.185-201.

/87/ Reimers, P.: Simulation of Mixed Mode Fatigue Crack Growth, Computers & Structures, 40 (1991) 3, S.339-346.

/88/ Knesl, Z.: Numerical Simulation of Crack Behaviour under Mixed Mode Conditions - Part I: Linear Elastic Fracture Mechanics, Acta Technica CSAV, 5 (1987), S.603-620.

/89/ Westendorf, H.: Rechnerische Simulation stabilen Rißwachstums in inhomogenen elastisch-plastischen Materialien, Schweißtechnische Forschungsberichte Band 22, Düsseldorf: DVS-Verlag, 1988.

/90/ Rich, Th.P.; Orbison, J.G.: Analysis of Two Metal-Forming Die Failures, In: Case Histories Involving Fatigue and Fracture Mechanics, ASTM STP 918, C.M. Hudson u. T.P. Rich (Hrsg.), Philadelphia: American Society for Testing of Materials 1986, S.311-335.

/91/ Tagungsbericht der VDI-Gesellschaft Fahrzeugtechnik: FE-Simulation of 3-D Sheet Metal Forming Processes in Automotive Industry, VDI-Berichte 894, Düsseldorf: VDI-Verlag 1991.

/92/ vom Ende, A.: Untersuchungen zum Biegeumformen mit elastischer Matrize, Fertigungstechnik Erlangen Nr.19, München/Wien: Hanser 1991.

/93/ Lange, K. (Hrsg.): Abschlußkolloquium des PSU-Projektes, Stuttgart, 31.3.1993, Reihe PSU Band 4, Berlin etc.: Springer 1993.

/94/ Engel,U.; Hänsel,M.; Sobis,T.; Geiger,M.: Simulation der Versagensformen Verschleiss und Bruch bei Werkzeugen der Kaltmassivumformung, Werkstatt und Betrieb 125 (1992) 6, S.489-493.

/95/ Knörr, M.; Lange, K.; Altan, T.: An Integrated Approach to Process Simulation and Die Stress Analysis in Forging, In: Proc. NAMRC XX 1992 (im Druck).

/96/ Sobis, T.; Engel, U.; Geiger, M.: Transfer of Contact Conditions for Failure Analysis of Metal Forming Tools, In: Numerical Methods in Industrial Forming Processes, Rotterdam: Balkema, 1992, S.663-668.

/97/ Sobis, T.; Engel, U.; Geiger, M.: A Theoretical Study on Wear Simulation in Metal Forming Processes, In: Proc. METAL FORMING'92, Krakau, Polen, Sept.1992, Jour. Mat. Proc. Technology, 34 (1992), S.233-240.

/98/ Engel, U.; Hänsel, M.: FEM-Simulation of Fatigue Crack Growth in Cold Forging Dies, Advanced Technology of Plasticity 1990, Vol.1, S.355-360.

/99/ Söhn/Göldner: Bruch- und Beurteilungskriterien in der Festigkeitslehre, Leipzig: VEB Fachbuchverlag, 1989.

/100/ Blumenauer, H.; Pusch, G.: Technische Bruchmechanik, Leipzig: VEB Deutscher Verlag für Grundstoffindustrie, Distributed by Springer Verlag, Wien/New York, 1982.

/101/ Kuhn, G.: Einführung in die technische Bruchmechanik, Skriptum zur Vorlesung, TU München, 1981.

/102/ Tada, H.; Paris, P.C.; Irwin, G.R.: The Stress Analysis of Cracks Handbook, Hellertown/Penns.: Del Research Corp., 1973.

/103/ Richard, H.A.: Bruchvorhersagen bei überlagerter Normal- und Schubbeanspruchung sowie reiner Schubbelastung von Rissen, Habilitationsschrift, Uni. Kaiserslautern, 1984.

/104/ Kordisch, H.: Untersuchungen zum Verhalten von Rissen unter überlagerter Normal-und Scherbeanspruchung, Dissertation, TH Karlsruhe, 1982.

/105/ Briggs, G.A.D.; Smith, R.A.: Stress Intensity Factor Calculation of a Mixed-Mode Crack Growth Problem, Numerical Methods in Fracture Mechanics, Edited by D.R.Z.Owen, A.R.Luxmoore, Proceedings of the 2.Int.Conf.,Swansea, July 1980, S.135-145.

/106/ Irwin, G.R.: Analysis of Stresses and Strains Near The End of a Crack Traversing a Plate, Journal of Applied Mechanics, 24 (1957), S.361-364.

/107/ Grebner, H.: Stress Intensity Factors of Partly Circumferential Surface Cracks at the Outer Wall of a Pipe, Zeit.f.Werkstofftechnik, 18 (1987), S.231-235.

/108/ Rice, J.R.; A Path Independent Integral and the Approximate Analysis of Strain Concentration by Notches and Cracks, Jour. of Applied Mechanics, 36 (1968) 6, S.379-386.

/109/ Munz, D.: Das J-Integral - ein neues Bruchkriterium, Zeit.f.Werkstofftechnik, 7 (1976), S.111-120.

/110/ Müller, Th.: Experimentelle Untersuchungen der Wegunabhängigkeit des J-Integrals bei großen plastischen Zonen, Dissertation TH Darmstadt, 1980.

/111/ Twickler, R.: Anwendung der Finite Element Methode auf Bruchprobleme der Werkstofftechnik, Fortschrittsberichte VDI, Reihe 18: Mechanik/Bruchmechanik, Nr.53, Düsseldorf: VDI-Verlag, 1987.

/112/ Ishikawa, H.: An Application of J-Integral to Finite Element Analysis of Stress Intensities of Mixed Mode Cracks, In: Proc. Int. Symp. on Fracture Mechanics, Peking, 1983, S.64-69.

/113/ Pirro, P.J.M.: Beitrag zur numerischen Berechnung von bruchmechanischen Größen für elastisches und elastisch-plastisches Materialverhalten insbesondere bei gemischter Belastung, Dr.-Ing. Dissertation, Universität Kaiserslautern, 1986.

/114/ Atluri,S.N.; Nishioka,T.; Nakagaki,M.: Incremental Path-Independent Integrals in Inelastic and Dynamic Fracture Mechanics, Engin.Frac.Mechanics, 20 (1984) 2, S.209-244.

/115/ Erdogan, F.; Sih, G.C.: On the Crack Extension in Plates under Plane Loading and Transverse Shear, J. Basic Engng., 85 (1963), S.519-525.

/116/ Hussain, M.A.; Pu, S.L.; Underwood, J.: Strain Energy Release Rate for a Crack under Combined Mode I and Mode II, ASTM STP 560 (1974), S.2-28.

/117/ Nuismer, R.J.: An Energy Release Rate Criterion for Mixed Mode Fracture, Int. J. of Fracture, (1975) 11, S.245-250.

/118/ Amestoy, M.; Bui, H.D.; Dand Van, K.:   Analytical Asymptotic Solution of the Kinked Crack Problem, In: Advances in Fracture Research, D. Francois (Hrsg.), Oxford 1980.

/119/ Schillig, R.:   Ein Beitrag zur Rißausbreitung bei gleichphasiger Mixed-Mode Belastung, Fortschrittsberichte VDI, Reihe 18: Mechanik/Bruchmechanik, Nr.86, Düsseldorf: VDI, 1990.

/120/ Paris, P.C.; Gomez, M.P.; Anderson, W.E.:   A Rational Analytic Theory of Fatigue, The Trend in Engineering, 13 (1961) 7, S.9.

/121/ Döker, H., Bachmann, V., Castro, D.E.; Marei, G.:   Schwellwert für Ermüdungs-rißausbreitung: Bestimmungsmethoden, Kennwerte, Einflußgrößen, Z. Werkstofftechnik, 18 (1987), S.323-329.

/122/ Richard, H.A.; Henn, K.; Linnig, W.: Über das Ausbreitungsverhalten von abgeknickten Ermüdungsrissen, Tagungsband zum 8. Symp. Verformung und Bruch, Magdeburg, Sept.1988.

/123/ Forman, R.G.; Kearney, V.E.; Engle, R.M.: Numerical Analysis of Crack Propagaion in Cyclic Loaded Structures, Journal of Basic Engineering, Transactions of the ASME 89, (1967), S.459-464.

/124/ Elber, W.: Fatigue Crack Closure under Cyclic Tension, Engng.Fracture Mech., 2 (1970), S.37-45.

/125/ McClung, R.C.; Thacker,B.H.; Roy, S.: Finite Element Visualization of Fatigue Crack Closure in Plane Stress and Plane Strain, Int.J.Fracture, 50 (1991), S.27-49.

/126/ Carlson, R.L.; Beevers, C.J.: A Mixed Mode Fatigue Crack Closure Model, Engng.Fracture Mech., 22 (1985) 4, S.651-660.

/127/ Lange, H.; Fett, T.; Munz, D.: Fatigue Crack Propagation under Loading with Negative R-Values, Mat.-wiss. u. Werkstofftech., 21 (1990), S.169-173.

/128/ Hahn, H.G.: Finite Elemente in der Festigkeitslehre, Wiesbaden: Akad. Verlagsgesellschaft 1982.

/129/ Bathe, K.-J.:   Finite-Elemente-Methoden, Berlin/Heidelberg/NewYork/Tokyo: Springer, 1986.

/130/ Barsoum, R.S.:   On the Use of Isoparametric Finite Elements in Linear Fracture Mechanics, Int.J.Num. Methods In Engineering, 10 (1976), S.25-37.

/131/ Barsoum, R.S.: Triangular Quarter Point Elements as Elastic and Perfectly-plastic Crack Tip Elements, Int.J.Fracture, 12 (1976), S.463-466.

/132/ Murti, V.; Valliappan, S.:   A Universal Optimum Quater Point Element, Eng.Frac.Mechanics, 25 (1986) 2, S.237-258.

/133/ Sabouni, A.R.; El-Zanaty, A.; Ingraffea, A.R.:   Finite Element Discretization for Mixed-Mode Fracture Problems, Int.J.Electronic Computation (1983), S.257-267.

/134/ Shih, C.F.; De Lorenzi, H.G.; German, M.D.: Crack Extension Modelling with Singular Quadratic Isoparametric Elements, Int.J.Fracture, 12 (1976), S.647-651.

/135/ Parks, D.M.: A Stiffness Derivative Finite Element Technique for Determination of Crack Tip Stress Intensity Factors, Int.J.Fracture, 10 (1974), S.487-502.

/136/ Kitigawa,H. et al.: $\Delta$K-Dependency of Fatigue Growth of Single and Mixed Mode Cracks under Biaxial Stress, ASTM STP 853 Philadelphia, 1985, S.164-183.

/137/ Roell+Korthaus, Amsler-Prüfmaschinen AG, Betriebsanleitung für Hochfrequenzpulsatoren der Baureihe HFP 5000.

/138/ Geiger, M.; Hänsel, M.: Bruchmechanische Untersuchungen an Fließpreßmatrizen, Umformtechnik, 25 (1991) 4, S.27-33.

/139/ Hänsel, M.; Engel, U.; Geiger, M.: FEM-Simulation of Fatigue Crack Growth in Cold Forging Dies, In: Proc. Int. Conf. on Mixed-Mode Fracture and Fatigue, July 15-17 1991, Vienna/Austria, Special Technical Publication of ESIS, 1993 (im Druck).

# PSU Prozeßsimulation in der Umformtechnik

Herausgeber: Professor em. Dr.-Ing. Dr. h.c. Kurt Lange